最美的昆虫科学馆

小昆虫大世界

Kun Chong Ji

昆虫记

好吃懒做的大佬
——大头泥蜂与寄生虫

〔法〕法布尔／原著　　胡延东／编译

U0339632

天津出版传媒集团

天津科技翻译出版有限公司

前　言

　　《昆虫记》是法国杰出昆虫学家、文学家法布尔的经典之作，它详细记载了多种昆虫的本能、习性、劳动、婚姻、繁衍、死亡、丧葬等习俗，堪称一部了解昆虫的百科全书。

　　然而《昆虫记》的意义又不仅于此，全书从人文关怀的视角出发，通过对昆虫习性的描写，展现了各种昆虫的个性特点，以及它们为了生存而做的不懈努力，体现了作者对昆虫的尊敬，对生命的关爱。

　　由于《昆虫记》是作者以"哲学家一般的思，美术家一般的看，文学家一般的感受与抒写"编著而成的史诗，也是尊重生命、讴歌生命的典范，所以它问世这一百多年来，便一版再版，先后被翻译成五十多种文字，一次又一次在读者中引起轰动。它的作者法布尔，也因对科学和文学方面的双重贡献，被誉为"科学诗人""昆虫世界的荷马""昆虫世界的维吉尔"。

　　作为中国中小学生的必读课外读物，《昆虫记》因其知识性和趣味性而备受关注，但它毕竟是一部科普巨著，这对课业繁重、理解能力有限的中小学生来说，是一项很大的"阅读工程"。所以本系列丛书就根据原版《昆虫记》所提供的有关昆虫生活习性的资料，以简单通俗的语言将每种昆虫的特点简要呈现出来，省去原书中专业化的术语及大量反复的实验论证过程，保留原书的叙事特色，让孩子在轻松愉快的阅读氛围中体验到昆虫王国的奇特。

　　本套《昆虫记》共分十册，其中《好吃懒做的大佬——大头泥蜂与寄生虫》着重讲述了大头泥蜂和多种寄生虫的故事，还交代了一些被人误会已久的事，如寄生虫并非人们一向所骂的"好吃懒做"，它们并非只会吃饭什么都不做。这些闻所未闻的事，在昆虫世界其实是很平常的，它们的生活并非我们想象的那么悠闲自在。此外，昆虫们还有一成不变的饮食习惯，其单一的食谱背后又具有合理性，让人感叹，引人深思。

目　录

令人发指的劫尸者

——大头泥蜂

一击即中

　　一只大头泥蜂在花丛中有一搭没一搭地采着蜜。前面有朵菊花开得正鲜艳，它为那朵亮丽的黄花所吸引，"嗡嗡嗡"地飞过去了。

　　这时，一只蜜蜂看起来也相中了这朵菊花，"嗡嗡"地振动着翅膀也飞了过来。

　　蜜蜂飞到那朵菊花上，专注地采集花蜜，它一边采蜜，一边手舞足蹈地跳舞。大头泥蜂一直冷冷地看着它，眼中散发出只有杀人犯才有的冷酷。

　　蜜蜂采完了花蜜，正准备离开。忽然，大头泥蜂飞快地向它冲去，与蜜蜂扭打成一团，战况似乎非常激烈。一会儿，蜜蜂就仰面倒在地上，大头泥蜂面对着它，用自己的六只脚将蜜蜂固定住，然后伸出锋利的大颚，猛地咬住蜜蜂的脖子。同时，它的腹部顺着蜜蜂的腹部渐渐弯曲，迅速伸出自己的

毒针，猛地刺向蜜蜂脖子的下方，蜜蜂立刻就一动不动了，似乎是死了。

　　它已经不是第一次这样杀死一只蜜蜂了，它跟上一只蜜蜂的搏斗更精彩，上一次也是在花丛中，一只蜜蜂竟然不知死活地钻到它面前。没容得蜜蜂喘息，它就闪电一般发起了攻击。蜜蜂在它健壮的身躯面前几乎毫无还手之力，它用后足和折叠的翅膀末端为支撑，只用四只前足就将蜜蜂固定在自己面前了。那只瘦弱小蜜蜂的薄弱部位真难找呀！它不得不像一个小孩子摆弄自己的布娃娃一样，来回翻动蜜蜂的身体，寻找它的死穴。还好，很快就找到脖子这个致命的地方了。然后，它便从下往上弓起腹部，伸出毒针，毫不留情地插入蜜蜂的脖子，那只蜜蜂立刻就死了。

就是这样的！它杀死蜜蜂从来都是这种方法：只要将自己的毒针刺向蜜蜂的脖子就行了，一针毙命！

　　为什么只刺蜜蜂的脖子？难道大头泥蜂不嫌这样弓起身子刺对方的脖子很麻烦吗？

　　因为这里是蜜蜂的神经节——相当于人类的大脑，只要用毒针扎一下，蜜蜂立刻就死亡了。这就好比我们人类，胳膊、腿断了不会死，肾坏了还可以换一个，但是头部大脑中枢损毁了，则是致命的。

正是因为大头泥蜂深知"头"对于生命的重要意义，所以只在蜜蜂的脖子上扎一针，使得这处控制全身的神经节坏掉，蜜蜂马上就死掉了——这是昆虫界迄今为止最精妙的杀人方法，大头泥蜂竟然深谙此道！

令人发指的劫尸行为

我们从小就知道，蜜蜂是勤劳的小英雄，总是不停地为人类酿蜜，以至于最后活生生地累死了。这样一个公认的"好人"，大头泥蜂为什么要残忍地杀死它呢？

事实上，杀死蜜蜂，只是大头泥蜂干的一件坏事，更可耻的行为还在后面呢！

大头泥蜂用毒针刺中蜜蜂之后，并不立刻放开它，而是继续用自己的脚固定住它。然后，它收回自己的毒针，继续与蜜蜂腹部贴着腹部，用力往蜜蜂的腹部一压。就像人们按压榨汁机一样，蜜蜂蜜囊中的蜂蜜，便全部挤回到蜜蜂的口腔内，并通过蜜蜂的口流出来。然后，这个冷酷的杀手，毫不犹豫地凑上自己的嘴巴，大口地吸那些蜂蜜。它甚至连蜜蜂的舌头都不放过，将蜜蜂的舌头含在自己口中，用力吸吮上面的蜂蜜。

蜜蜂口腔内的蜂蜜吸完了，大头泥蜂就继续像按压榨汁机一样，再次用自己的腹部挤压蜜蜂的腹部，再吸食蜜蜂口腔内的蜂蜜，直到最终将蜜蜂的

蜜囊给吸扁。尽管如此，这个可恶的杀手仍然不肯住手，仍然继续按压蜜蜂胸部、脖子，试图将残留的蜂蜜全部压榨出来。

　　过了一会儿，它似乎吸饱了，就稍微休息一下。看着已经干瘪了的蜜蜂尸体，它似乎仍然不死心，竟然再次趴在蜜蜂身上，更用力地挤压蜜蜂的蜜囊。直到它认为已经将蜜蜂全身的蜂蜜都压出来吸光了，这才舔除蜜蜂口腔内最后一点甜味，停止了这种劫尸行为。最后，它毫不客气地将已经干瘪了的蜜蜂尸体丢弃，大摇大摆地飞走了，找机会去捕杀第二只蜜蜂。

　　多么残忍的屠杀者！它杀死了别人不说，还要糟践别人的尸体，将别人身上的精华全部都挤走，一点也不留。它简直就是一个吸血鬼！

　　不一会儿工夫，它就接连杀死六只蜜蜂，吸光了它们蜜囊里所有的蜂蜜，然后残忍地将蜜蜂干瘪的尸体抛弃！如果它再碰到蜜蜂，不管几只，相信可怜的蜜蜂们仍然难逃它的魔爪，最终会被它残忍地吸干身体。

可怜的蜜蜂

难道，庞大的蜜蜂家族就任由这无情的杀手逍遥法外吗？

大部分情况如此。因为大头泥蜂那致命的一击实在太巧妙了，简直没有破解的方法，蜜蜂们只能任由它屠杀。

但也有例外的情况。因为，蜜蜂毕竟也有自己的毒针，它同样具有强大的杀伤力。

有一次，我做了一个实验，将四只蜜蜂、一只大头泥蜂和四只尾蛆蝇罩在玻璃罩中。小小的玻璃罩太拥挤了，大家手忙脚乱地推推搡搡。忽然，那只总是不可一世的大头泥蜂仰面倒下，六只脚胡乱动了几下，就死了。

谁是凶手？显然不是尾蛆蝇，因为它们的性情比较温柔，而且它们没有能置人于死地的致命武器。那么只能是

蜜蜂，可能是哪只蜜蜂在慌乱中刺中了大头泥蜂的要害，无意中杀死了这个平时几乎不可能战胜的强敌。

由此可见，蜜蜂的毒针也很锋利。只是蜜蜂可能忙于采蜜的缘故，无意中忽略了练习"剑术"，以至于每次都不能准确地刺中大头泥蜂的要害，最后只能反过来被对方屠杀。

实际上，蜜蜂几乎是所有蜂类中"剑术"最差劲的一个，而它的个子又不占优势。所以蜜蜂在与大头泥蜂对决的时候，大头泥蜂总是很容易就找到它的死穴——脖子上的神经节，一"剑"就要了它的命。而蜜蜂呢，只是手忙脚乱地举起自己的毒针乱刺，没有一点防御和杀敌的能力，最后只能被敌人杀死。

大头泥蜂为什么这么坏呢？它为什么不像节腹泥蜂一样，只是麻醉猎物，而不是将它残忍地杀死呢？这样，那可怜的蜜蜂至少还可以活几天呀！

归根到底，是因为这个杀人狂想吃蜜囊中的蜂蜜。

如果大头泥蜂不杀死蜜蜂，那么当它挤蜂蜜的时候，蜜蜂体内蕴含的反抗神经和肌肉的抽搐，都会妨碍大头泥蜂顺利实施暴行。即使蜜蜂已经被制服了，这个终生采蜜的小家伙，肯定将自己的蜜囊看得像生命一样重，不肯让强盗吃。所以不管大头泥蜂怎么挤，它都牢牢闭锁自己的蜜囊，不让蜂蜜被挤回到口腔中。只有将它杀死，蜜蜂的活力才能彻底丧失，肌肉也松弛了，大头泥蜂只要稍加挤压蜂蜜就会被挤回口腔中，它就能痛痛快快地吸食蜂蜜，直到榨干蜜囊中最后一滴蜜。

　　看来，大头泥蜂不仅是一个强盗，还是一个冷酷无情的杀手。它虽然自己也采蜜，但它更愿意不劳而获。难道它采取这样令人发指的手段杀死蜜蜂，榨干蜜蜂体内的最后一滴蜂蜜，就是为了满足自己对蜂蜜的贪婪、无节制的欲望吗？

幼虫就是"吃人狂"

　　既然大头泥蜂也会采蜜，那它为什么还会对别人的蜜囊有如此病态的占有欲？即便它有时懒得工作，偶尔去干干打家劫舍的勾当，也不至于残忍到要了别人的命不说，还要吸干别人的胃吧！经过仔细观察，我终于揭开了大头泥蜂如此暴行背后的深层次原因。

　　一只大头泥蜂刚刚杀死了一只蜜蜂，并在半个小时之内吸干了蜜囊中的蜂蜜。这次，它没有丢下干瘪的尸体，而是抱着蜜蜂的尸体，回到它的地下洞穴了。

　　洞穴中已经有了一些大头泥蜂的茧，还有一些发育程度不大一样的幼虫，幼虫正在大口嚼着蜜蜂的尸体，周围散落着很多蜜蜂的残翅断臂。洞里还有一些尚未被食用的蜜蜂尸体，尸体上还有一枚大头泥蜂的卵。

　　看来，同泥蜂这个膜翅目昆虫家族的其他成员一样，大头泥蜂也是将卵产在蜜蜂尸体上。卵在蜜蜂尸体上孵化，幼虫就靠吃蜜蜂尸体长大。随后大头泥蜂妈妈会不断提供新的蜜蜂尸体给幼虫。难道大头泥蜂杀死蜜蜂榨干蜜蜂的行径并不完全是因为它们生性残暴又贪婪，而是因为它们养育后代的特殊要求？

为了找到答案，我有针对性地做了一些实验。

我先是将蜜囊里饱含迷迭香花蜜的蜜蜂尸体提供给大头泥蜂幼虫吃，结果吃过之后幼虫们全死了。我也尝试了用纯蜂蜜喂养它们，结果幼虫即使挨饿也不肯吃。我又将几只蜜蜂的尸体表面涂上一层蜂蜜，饥饿的幼虫在咬了一口猎物后迅速地退开了。但过了一段时间，饥饿逼迫它们回到这些"糖衣蜂蜜"跟前，但它们左挑右选，找不到一处没有沾有蜂蜜的地方，结果只能放弃了，最终纷纷死去了。

实验的结果表明，蜂蜜对大头泥蜂幼虫而言，无异于毒药。这也就难怪爱子心切的大头泥蜂妈妈会毫不含糊地挤干蜜蜂体内的蜂蜜了。

但是，蜂蜜对大头泥蜂成虫却丝毫没有影响。它们的身体在成长过程中到底发生了哪些变化，使得幼虫拼死拒绝的东西成了成虫狂热的爱好了呢？

它为什么这样?

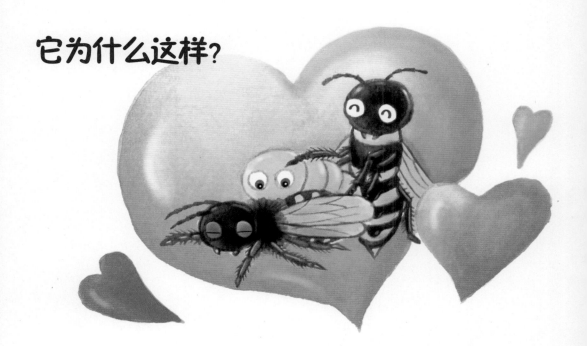

　　由此看来，大头泥蜂的胃还真是神奇：幼年时，它只吃蜜蜂的肉，哪怕一丁点蜂蜜都能要了它的命；成年时，它对蜂蜜却有着无止境的欲望。我曾做过一个实验，为一只大头泥蜂连续提供了6只蜜蜂，大头泥蜂都麻利地杀死它们并吸干蜂蜜。如果我还能继续给它提供蜜蜂，我相信它仍然会继续这种野蛮的屠杀。但我认为，它们的目的不是为了给幼虫提供粮食储备。因为据我的观察，一个大头泥蜂母亲一天最多猎取两只猎物回家，比起勤劳的节腹泥蜂、象虫、黄翅飞蝗泥蜂来，它确实懒得很。可见，它无休止地杀戮更多的蜜蜂不过是为了满足自己的口腹之欲。这样一生中分别吃肉、吃蜂蜜两种食物，实行双重饮食制度的昆虫，还真是少见。而大多数中大型蜂类，如蜜蜂、壁蜂，它们很少或者几乎不吃肉，只吃花蜜、蜂蜜，坚持素食主义。为什么大头泥蜂却与众不同呢?

　　其实，大头泥蜂的祖先在第三纪冰川时期，不论是幼虫还是成虫都是以昆虫肉体为生的，是肉食性的。成年大头泥蜂捕猎蜜蜂，吃其肉既是为了自己果腹，也是为了喂养后代。但蜜蜂的肉必须通过捕猎获得，而捕猎是一种不稳定的生活方式，万一捉不到蜜蜂，它们就得挨饿。于是，一些聪明的大头泥蜂的祖先们，就开始寻找一种"天天有饭吃"的稳定食物来源，那就是采集花蜜，靠吃蜜为生。于是，这些富有探索精神的先驱者们，靠着稳定而又取之不尽的食物来源幸存下来；而那些墨守成规，靠打猎饥一顿饱一顿的落后分子逐渐被淘汰。而需要付出更多体力和危险战斗才能获得的肉食，最终成为体弱、需要含蛋白质食物才能健康成长的幼虫的专供。于是，大头泥蜂就这样形成了它们作为捕猎性昆虫的双重饮食制度。

这就好比我们人类，很久很久以前，以打猎为生。但后来发现狩猎的成功率很低，很难填饱肚子。于是人们便找到较为稳定的食物来源，那就是自己开辟土地，种粮食，这样就能保证一年四季都不会饿肚子，人类因此进化成既吃肉也吃素的杂食性动物。

可见，大头泥蜂自己是会采蜜的；但它们还肩负着养育后代的责任，而它们的后代在幼虫阶段是食肉的，同时蜜又是能要了幼虫小命的毒药。所以它必须将蜂蜜处理干净，于是成虫就吸食蜜蜂蜜囊的蜂蜜，幼虫就吃蜜蜂的

尸体。一次打猎有了双重功效，何乐而不为呢？这使得大头泥蜂自己采花酿蜜的积极性就不是很高了。

当然，大头泥蜂也可以像节腹泥蜂那样麻醉蜜蜂，这样就可以为孩子们提供更新鲜的食物。但被麻醉的蜜蜂，胃仍然有抵抗力，蜜囊中的蜂蜜很难挤出来。所以，大头泥蜂们便直接杀死了蜜蜂，将蜂蜜全部挤出来，确保孩子在吃蜜蜂肉的时候不会因为沾到一点蜂蜜而中毒。

由此看来，大头泥蜂之所以作恶，之所以杀死蜜蜂吃蜂蜜，根本原因是出于对孩子们食品安全的考虑。得出这个结论之后，这个可恶的劫尸者似乎是可以被原谅的。

至于它有时候会吸干蜂蜜而丢掉蜜蜂尸体，可能是因为长期作恶已经养成一种习惯，它这时候已经不是为了孩子了，而是一种逃避采蜜、逃避劳动的自私行为。这也是它成为害虫的根本原因。

小·贴士：双重饮食制度

你知道吗？

自然界中大多数昆虫，一般一生只喜欢吃一种食物。如节腹泥蜂，只吃吉丁；泥蜂，只吃各种小苍蝇；蝗虫，吃各种植物的叶子或者茎等等。但也有一些昆虫，它们既吃动物性食物，如蜜蜂、虫子，也吃植物性食物，如蜂蜜、花蜜，因此形成奇特的双重饮食制度。

大头泥蜂是实施这种双重饮食制度的典型昆虫。它小时候只吃肉食，以蜜蜂为食物，一点蜂蜜都不碰；稍微吃到一点点蜂蜜，就会精神不振，过几天便会死去，好像吃蜂蜜就会中毒一样。但是当幼虫发育成大头泥蜂之后，它的口味就完全变了，即使杀死了蜜蜂，它对蜜蜂肉也不屑一顾，甚至直接丢掉蜜蜂的身体，它只吃蜜蜂蜜囊中的蜂蜜，而将蜜蜂留给孩子。似乎它们做了父母之后，一下子从一个肉食主义者变成了素食主义者。大头泥蜂之所以形成了这种奇怪的饮食制度，一方面是为了满足自己，一方面也是为了更好地照顾它们的孩子，防止孩子因为误食蜂蜜而中毒。但出于私心，它也会专门为自己猎杀一些蜜蜂，满足自己对蜂蜜的渴求。

与大头泥蜂一样，蜾蠃也是实行双重饮食制度的昆虫，但它的饮食方法又不完全与大头泥蜂相同。

从表面上看，蜾蠃也捕猎，似乎是肉食性动物。与其他猎手不同的是，它捕到猎物之后，并不吃猎物的肉，而是咬开猎物的尾部，兴奋地舔食猎物肠子末端的液体。猎物腹腔中的液体被吸完之后，蜾蠃便不再稀罕它，直接将它的尸体抛弃。这样看来，蜾蠃对猎物的行为，并不是为了吃肉，所以不能称作真正的食肉昆虫。

另外，蜾蠃除了吸食昆虫肠内的液体，还吃花蜜，而且花蜜是它的主食。这样看来，昆虫肠内的液体，对蜾蠃来说，好像是辅助主食的"甜品"，甚至是正餐之后的饮品——对食物要求如此之精致，它真是昆虫界的"美食家"。

蜇针与毒液

神经中枢起决定作用

讲完了土蜂和大头泥蜂的故事，所有会麻醉术、会捕杀猎物的蜂儿已经写完，我现在大体对这些虫子作一些总结。

所有的捕食性蜂儿，如节腹泥蜂、砂泥蜂、土蜂等，在捕捉猎物时，杀手锏都是相同的，即将毒针插入猎物的神经中枢，将猎物麻醉得不能动弹，这样就成功地制服了猎物，然后就拖运回家了。

肯定会有人对我这个说法持不同意见，但我才不管别人怎么说呢，只要我认为自己的理论正确就行了。

有的人可能会有怀疑，认为蜇针之所以刺中那些神经中枢所在地，是因为那个地方是猎物身上唯一容易被攻击的地点。

这里我们先要搞搞清楚，什么是"容易被攻击"。如果他的意思是说，蜇针攻击的地点是唯一的，攻击这个地点可以导致猎物突然死亡或麻醉，那么我也同意他的观点，非常同意，因为是我第一个提出这种观点的。但是如果他指的是"蜇针容易扎入、这里的皮肤比较柔软"这个意思，那么我就不同意了。

并非我自相矛盾。就以吉丁和象虫这两种猎物来说吧。它们都有甲壳保护，只有胸腹面的皮肤相对柔软。节腹泥蜂就选择在这个地方插螫针，这样看来好像"这里的皮肤比较柔软螫针容易扎入"这个说法是正确的。但是吉丁和象虫脖子上的皮肤也很柔嫩，螫针也可以顺利扎入，但节腹泥蜂却没有选择这个地方，"螫针容易扎入"这个说法就站不住脚了。因为他没有发现真正的原因：胸腹部下面有神经中枢，而脖子处却没有。

　　再看看砂泥蜂的猎物，黄地老虎幼虫和其他昆虫的幼虫。这些猎物除了头以外，其他任何部位的皮肤都很柔软，螫针都很容易扎入。如果这个说法正确的话，砂泥蜂可以在猎物身上任何部位扎入螫针。可是这么多可选择的扎针地点，砂泥蜂都弃之不用，唯独选择了体节与体节交接处，而且总是这些地方，有几个体节便刺几次。它做出这样的选择，不是因为这里的皮肤比其他地方更柔软，螫针更容易扎入，而是因为这里是神经节之所在，只有刺中神经节，猎物才会失去反抗力。

同样，土蜂的猎物是花金龟幼虫、黑鳃金龟幼虫。它们也是全身都很柔软，都可以使螫针顺利扎入，但土蜂只选择胸部的第一体节攻击，因为猎物的神经节就在这个地方。

还有飞蝗泥蜂的猎物距螽和蟋蟀。它们的腹部很柔软，面积也很大，螫针扎入这里是很容易的。但飞蝗泥蜂没有在这些部位插入螫针，而是选择胸腹的三个点为攻击处。尽管猎物对自己这个部位防御得很严密，但飞蝗泥蜂依然冒着危险在这个最难攻击的地方下针。

还有大头泥蜂。蜜蜂腹部和胸甲后面大片地方都不设防御，但大头泥蜂却对这些地方不屑一顾，只寻找猎物颈部一平方毫米的小区域上下针。弑螳螂步甲蜂，不攻击螳螂腹部的柔软部位，专门攻击最危险的地方——带双锯的前足下面。它可是冒着被螳螂前足撕碎的威胁攻击这个地方啊！蛛蜂，也不攻击蜘蛛其他柔软的部位，而是专门选择最危险的螯牙攻击。

不用再多举例子了。蜂儿攻击哪个部位都有自己的理由。这个理由不是“螫针容易扎入”，而是因为那里是唯一合适的攻击地点，神经中枢肯定就在那个地方。决定螫针下针点的不是猎物的外部皮肤是否柔软，而是身体内部结构。这些优秀的猎人都知道猎物的神经中枢在什么地方，所以我封它们为“优秀的解剖专家”。

精确到一毫米甚至更小·

还有人说，一只猎物总共也就三四厘米，蜇针刺在哪里都离神经中枢很近，看起来离柔软的部位也不远啊。难道它将蜇针刺在神经中枢附近不是个偶然现象吗？为什么认定它是专门为了刺神经中枢呢？

难道你以为猎人不是带着寻找神经中枢这个强烈的目的去捕猎的吗？我有非常确切的证据证明，它就是专门找神经中枢的，而不是误打误撞刺到神经中枢附近。

以沙地土蜂为例来说吧。它与猎物搏斗的时候，刚开始双方是缠绕在一起的。土蜂咬住黑鳃金龟幼虫的胸部一点，绕着猎物，努力向下弯曲自己的身体，用腹部的末端寻找颈部的中心线位置。如果它只需要在神经中枢附近刺，那么它可以随便将蜇针插到猎物的头部或胸部任何一个地方，但它却没有。因为这些地方都不合适，刺中头部会导致猎物死亡，孩子吃不到新鲜的食物。刺中胸部也要保证倾斜地刺，只有这样才能麻醉猎物。这时候它的蜇针插入点就能看出多么精确了，向上一毫米，就刺中了头，会杀死猎物；向下一毫米，则可以完美地为猎物实施麻醉手术。沙地土蜂整个家族的繁衍，就靠这向下一毫米的针刺，世世代代的沙地土蜂是不会忽视这一毫米的差异的。

双带土蜂的攻击点要稍微偏下一些，在花金龟幼虫第一、第二体节的节

27

间膜上。我观察了很多次，发现它们都是反复用腹尖探索，固执地寻找这个最佳攻击点，否则绝不轻易用自己的蜇针。我见过好多只双带土蜂为了寻找合适的攻击点，宁愿与猎物苦苦纠缠半个多小时，但绝不会为了快些结束战斗而胡乱刺别的地方。

我只见过一只双带土蜂，不知是被无休止地打斗搞昏了头脑，还是其他什么原因，蜇针的位置稍微刺偏了一点，距离合适攻击点有大约一毫米。我为这罕见的情况所吸引，赶紧将猎物从它手中抢了过来。我想看看，受到错误攻击的猎物会怎样。这个可怜的猎物偏瘫了，只有左边的足，即蜇针偏向的那一边受到了麻醉，右半边的足仍然可以自由活动。正常情况下，被土蜂麻醉过的猎物，应该是左右六只足全部无法动弹的。不过偏瘫这种情况只维持了一会儿，不久猎物的左半身麻醉影响到了右半身，猎物慢慢不能动了，全身都被麻醉了。可是尽管如此，这个不能动的猎物毕竟没有满足麻醉要求。我用镊子碰一碰它，它还会立刻收缩身体，蜷曲成一团，看起来就像正常情况下一样，只是不能逃走了而已。这个还会动的猎物，对土蜂的卵和幼虫肯定是致命的，只要它稍微蜷曲一下，卵可能就会掉下来，或者被它压碎。卵需要的，应该是可以让它安然无恙地躺在猎物的肚子上，无论怎样啃咬，给猎物造成多大的剧痛，猎物也不会颤动。否则，卵一定会落下来，而卵一旦从母亲给它选择好的地方落下来就必死无疑，不是被摔死、压死，就是给饿死。到了第二天，这只原本偏瘫的猎物，由于麻醉时间太久，才变得瘫软，再没有活动能力。但这时候已经太迟了，因为土蜂的卵在前一天已经掉了下来。这就是蜇针攻击点偏离了一毫米所造成的悲剧。

再来看一个更精确的例子。蛛蜂在捕捉蜘蛛的时候，第一针总是插入

猎物的口器，将蜘蛛吓人的螯牙麻醉了。用麦芒逗蜘蛛，确定它的螯牙仍然不能张开，但是紧靠着攻击点的触角却能活动，甚至几周后仍然能够活动自如。也就是说，蛛蜂只麻醉了螯牙，没有麻醉脑部神经，否则触角不但不能动，而且猎物还会死亡。我的解剖学知识很有限，我猜，也许螯牙有专门的神经控制，与控制触角的神经不是同一根。因此蛛蜂必须在细如发丝的众多神经中，找到专门控制螯针的神经，这个工作就更需要精确了，我相信职业解剖专家借助高倍显微镜也很难找到。

可笑的防腐剂

　　还有人提出更可笑的观点，说他在这些蜂儿的毒液中发现了类似防腐剂的物质，所以就认为猎物一直保持新鲜的原因，是防腐剂在起作用。他认为猎物是被杀死了，而不是被麻醉了，猎物之所以能保持新鲜，不是麻醉剂的作用，而是防腐剂的作用。

　　那么我问一下，在使用"防腐剂"这个词语之前，你确实观察过这些蜂儿的食物储藏间吗？你见过飞蝗泥蜂洞里的猎物吗？你见过被土蜂麻醉的金龟子吗？如果没有，还是先去仔细观察一下吧。我一定能向你证明，被捕捉到的猎物，与你用防腐剂保存的烟熏火腿一点都不相同，因为猎物仍然会动，仍然有生命力。你一定会惊喜地发现，你用麦秸秆碰碰它们，它们的触角仍然会动，大颚仍然会一张一合地吓唬人，足的跗节仍然挥动，臀部仍然能排泄垃圾；用针尖扎它们的皮肤，它们会有所反应。这就充分证明，这些猎物是活着的，不是死了被防腐的，与烟熏火腿完全不同。

　　如果你曾仔细阅读过这些蜂儿的故事，一定会记得这些事情的。我曾讲过一只距螋的故事。它被一只飞蝗泥蜂刺中了。我认为它还活着，就用谷尖蘸着糖水或牛奶喂它。它毫不犹豫地吃掉了我的食物，并逐渐恢复了活力。

如果它是被防腐剂保存的尸体，它怎么会吃东西呢？

我亲眼见到过很多被毛刺砂泥蜂刺伤的幼虫，不但没有死去，而且随着时间的推移，它竟然还进入了蛹期。我的笔记中有这样一条记录：4月14日，三只幼虫被毛刺砂泥蜂刺伤，半个月后，我用铁丝尖刺激它们，它们都有反应。又过了一段时间，除了第三、第四体节的颜色，皮肤上其他部位的颜色由淡绿色变成了红栗色，身体开始起皱并且裂开。但由于被麻醉过了，它们没有能力从旧衣服中挣脱出来，我好心地帮它们剥掉身上的旧皮，看到了皮层之下的蛹，有坚硬的角质层保护，呈栗褐色。这个变态过程是如此明显，我真渴望看到它们变成一只只蛾子从我眼前飞过。遗憾的是，身为别人猎物的它们，显然很难做到这一点。到了5月中旬，三只幼虫的腹部第三、第四体节也多少都表现出蛹态的特征，不过没有健康的蛹那么有光泽，慢慢它们就发霉了。如果是三只死去的幼虫，仅靠防腐剂保持新鲜，它们会有这样的变态过程吗？当然不会！

可能还有些人会冥顽不灵地坚持那个可笑的观点，那么我就用事实来给你当头棒喝吧。

9月份，我从双带土蜂的洞穴中找到了5只被双带土蜂刺中的花金龟幼

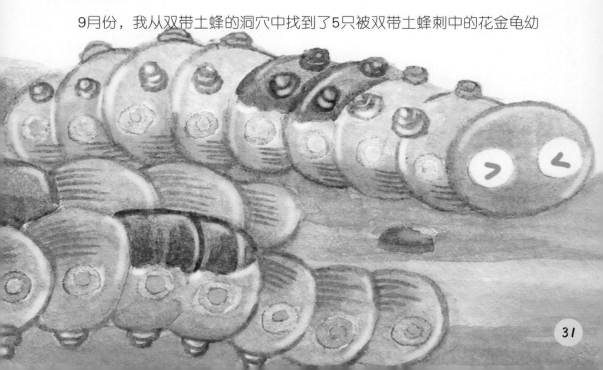

虫，它们身上已经被产下了卵。我将卵拿掉，然后将这几只被麻醉的花金龟幼虫放到腐殖土上，然后用一个玻璃杯扣在上面。正常情况下，它们可以保持生命体征半个月、三四周或者更长的时间，在这期间，它们的触角会颤动，身体受到针扎也会有所反应。

一个月之后，五只幼虫中有三只皮肤颜色变成褐色，开始腐烂，另外两只仍然会动，用针尖碰碰唇须和触角，都能看出明显的反应。又过了一段时间，冬天来了，用针尖刺它们已经没什么反应了。但它们仍然没有死，皮肤颜色并没变成褐色。到了第二年5月份，这两只挨过麻醉、抗过严冬的幼虫竟然又活了。它们翻转身体，使腹部朝下，而且有一半身体已经钻入土中。它们好像还在担心什么，懒懒地蜷曲着身体，抖动着足和口器，只是动作非常缓慢。又过了一段时间，它们有了一些力气，开始用力刨地，挖掘洞穴，而后居然成功钻入两指深的地下。6月，我挖开它们浅浅的洞，发现它们已经死去，因为它们的皮肤已经变成腐烂的褐色——这是长期受折磨之后生命的必然枯竭。

从上一年9月到次年6月，这些被双带土蜂刺过的花金龟幼虫竟然又活了足足九个月，甚至在最后麻醉消失后还可以恢复活动能力，挖掘一个地道，钻入地下。我相信，那些坚持认为"防腐剂在起作用"的人，看到这样的证据之后，也不好意思再说什么了。

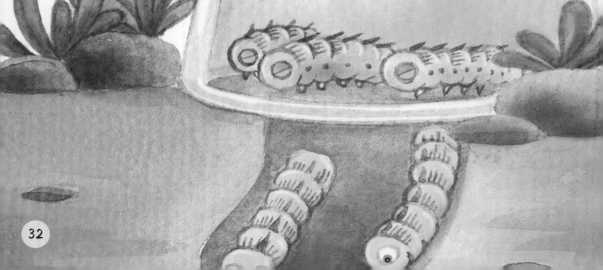

"麻醉师"的毒液是酸性的吗

　　现在蜂儿的麻醉剂引起了大家的好奇，有的人就尝试用化学的方法来解释，认为蜂儿的毒液主要包括两种物质，一种酸性，一种碱性。大多数靠捕捉其他昆虫来生活的捕食性昆虫的毒液主要是酸性。

　　我想试试这个结论是否正确，于是就将各种性质的溶液都注入猎物体内，包括酸性的、碱性的、中性的，如酒精、松节油、氨水等各种溶液。结果我发现，无论注射哪种溶液，猎物都能被麻醉并保持一定的生命力。只是实验通常不容易成功而已。我是用蘸过这些溶液的针刺激昆虫的，有时候用力过猛，一下子将猎物刺死了；有时候用力又太轻，猎物不能被麻醉。与那些英勇的猎手相比，我的麻醉手法实在是太拙劣了。

　　为了找到强有力的证据，我决定从家蜜蜂身上找证据。因为我们知道家蜜蜂毒液的化学性质，只要它身上的毒液与麻醉师们的毒液对比效果是一样的，我就能知道麻醉师们使用了什么样的毒液。

　　可惜的是，家蜜蜂不肯好好合作。我抓它的时候，它的蜇针根本就不肯听话地刺昆虫，而是疯狂地扭动着自己的身体，举着蜇针随便乱刺，我的手指头不知被它刺了多少下。我突然想到，当死亡突然降临到家蜜蜂身上时，出于一种报复心理，家蜜蜂腹部还会刺人。于是我毫不客气地将这个家伙的腹部剪了下来，然后马上用镊子夹住腹部，将其对准蜇针要刺的部位。这次结果仍然不太理想，腹部挣扎得不那么厉害，但也同样乱刺，不肯在我想要的地方注射毒液。不是用力太大，就是用力太轻，要么就是注射的毒液不够多，总之实验结果混乱极了。被蜂腹乱刺的猎物，有的行动完全失控，有的一直残废，有的暂时残废，有的偏瘫了，有的麻痹了，有的很快死掉了，还有的根本没什么反应。我如果将每次实验过程和结果都在这里写出来，也太浪费篇幅了，况且这也不是我想要的结果。我讲这些，只是先请大家耐着性子等一下，因为实验太难实施了。

现在我找一个最有说服力的证据，让大家看到一些规律性的东西。我找到一只非常强壮的巨型白额螽斯，在它颌下前足线中心点上注射毒液，正常情况下它也是这个部位被刺。结果蜜蜂的蜇针才蜇了一下，这只巨大的猎物就马上愤怒地跳起

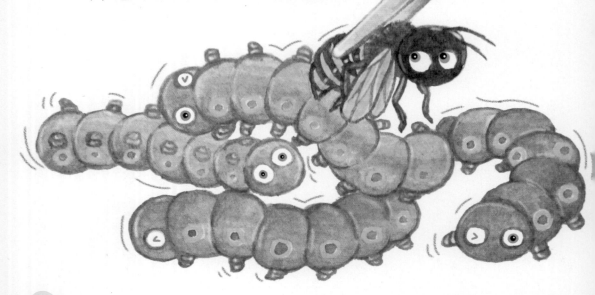

来，但很快它就向后跌落，再也站不起来了，它的前足已经被麻醉了。过了一会儿，它侧身躺下，不再显得那么烦躁，只是触角和唇须依然在颤动，腹部仍然在抽搐，产卵管仍然会伸缩，这说明它仍然活着。用针尖稍微碰碰它，它的后面四只足会有反应，第三对足还会踢蹬呢！第二天，仍然是这些症状，但麻醉已经扩展到了中足。第三天，它的六只脚已经全不能动弹了，只剩下触角、唇须和产卵管能动。被朗格多克飞蝗泥蜂刺了三次的距螽也是这些反应。到了第四天，被我实验的巨型白额螽斯皮肤变成深黑色，表明它已经死了。

这个实验告诉我，家蜜蜂的毒液非常厉害，只要将它注入猎物的神经中枢一次，它就可以在四天之内杀死一只巨大的、健壮的螽斯。被家蜜蜂麻醉的猎物，从最初只影响前足，到逐渐影响中足、后足，再到死亡，说明麻醉是逐渐扩散的。但飞蝗泥蜂、砂泥蜂、土蜂、节腹泥蜂、蛛蜂等麻醉师们，它们的麻醉剂是不会扩散的，只是准确地将麻醉剂注射到神经节一个地方，比如蜘蛛被蛛蜂麻醉之后螯牙不能动了，但螯牙附近的触角仍然能动，就是因为麻醉不会扩散的结果。

家蜜蜂的毒液

　　我之所以反复强调蜂儿都是杰出的麻醉师，是因为它们不但能准确找到猎物的神经中枢，而且在麻醉剂的使用量上，很会控制。

　　麻醉师的毒液与蜜蜂的毒液几乎一样强，所以一蜇就能完全制服猎物，使猎物失去反抗能力，不让它再有一点剧烈运动。但为了保持食物的新鲜，它不会注射很多毒液，否则就会像家蜜蜂一样，使猎物很快死掉。它究竟注射了多少毒液？我无法测量，但我知道，它们能让毒液缓慢生效，而且将毒液的量尽可能减少。

　　我让一只家蜜蜂蜇一只绿色蝈蝈儿前足纹路的中心点。两三秒后，蝈蝈儿痛苦地挣扎，然后便后侧着身子倒下了，除了触角和产卵管会动之外，身体的其余部位便不动了。我用一只刷子轻轻碰它的头，它仍然有意识，后面的四只足也还会剧烈地摇动，还试图夹起我的刷子。前足则由于神经中枢已经被毒液麻醉了，始终是僵直的，无法动弹。此后三天这只蝈蝈一直都维持这种状态。到了第五天，麻醉开始扩散，后面四足无法动弹。第六天，绿色蝈蝈儿身体开始发黑，它死了。

　　然后我又抓来一只雌距螽，不再刺它的前足纹路中心点的神经中枢，改刺腹的中部。这只被麻醉的雌距螽丝毫没感到自己受伤了，依然英勇地在玻璃罩四壁上攀爬，像没被刺中之前一样活跃，甚至还开始啃食葡萄叶。几个小时过去了，它仍然没有丝毫的难受症状，而且似乎已经从麻醉中康复了。

我又在它腹部两侧及中央地方蜇刺了它三次。第一天，距螽没有任何异常，连一丝疼痛的表现也没有。第二天，它爬行变得慢起来。第四天，距螽仰面朝天倒下，再也翻转不过来。第五天，它死了。这是因为我用的麻醉剂过量了，它的身体承受不住了。

我又用同样的方法蜇蟋蟀。如果只蜇腹部，它痛苦一天之后就能恢复健康，依然可以啃食叶子。但要是多蜇几次，多给它增添一些伤口，它很快就会死掉。

好奇心促使我做了很多类似的实验，实验结果都差不多，只见过一次例外。我在花金龟幼虫身上也多刺了几次，它能抗住三四个伤口。连续蜇三四下之后，它们的身体会变软，我还以为它们死了呢。可是不久它们又活过来了，仍然可以慢慢地爬行，钻入土中。

除了花金龟幼虫抗痛能力比较强之外，其他的直翅目昆虫，如蟋蟀、蝈蝈儿，如果用蜇针刺它们的神经，只需一蜇，它们就会死去；如果对着其他部位，蜇一下只会让它们短期内感到不适，但很快就能恢复健康。这个结论

再次证明，毒液是通过神经中枢直接起作用的。

但也不能说"只要刺中胸神经节，猎物就会马上死亡"。这个说法虽然大多数时候都是正确的，但由于蜇针刺入的方向、深度、注射毒液的量及剪下来的家蜜蜂蜂腹不能老老实实在按我的要求的部位下针蜇猎物等因素的影响，实验也会出现各种意外。我给大家讲一些有趣的意外。

我用蜂腹刺修女螳螂的胸神经节。但由于偏离了一毫米，修女螳螂的前足只被麻醉了一只，另一只带有锯齿的足马上就扑向我，将我的手指抓流血了。第二天，由于毒液的扩散，抓伤我的那只前足已经不能动弹，但此时毒液还没扩散到其他部位，所以它仍然可以趾高气扬地爬行，只是爬得慢了一些而已。12天之后，由于它始终无法用两只前足将猎物夹到嘴边吃，它被饿死了。

有一只距螽，它被刺在了胸部中线以外，所以也没有被完全麻醉，它的六只足仍然能动，但却不能爬行了。因为它的身体无法保持平衡了，它不知道该前进还是后退，该向左还是向右。

还有一只花金龟幼虫，蜇刺的部位偏离前足，使得神经器官只被毒液感染了纵向的一半。结果它的右半边身体开始松弛，没法收缩；左半边身体变得水肿，起皱纹，蜷曲。左右两边如此不协调，使它再也不能将身体蜷成环形了，变成了一侧缩成圈、一侧半舒展的滑稽模样。

类似滑稽的例子还有很多。这就是不肯合作的蜂腹乱刺给我带来的各种结果。

麻醉师的高明之处

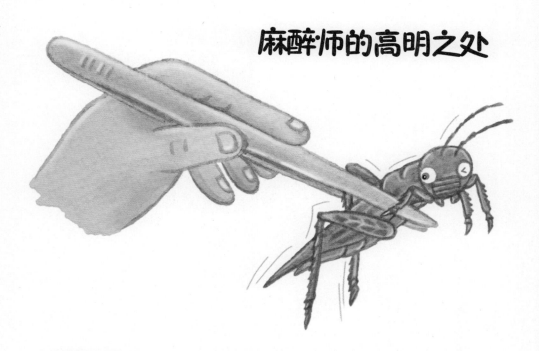

　　尽管家蜜蜂不肯合作，让我难以找到最直接的证据，但只要它合作一次，只要一次，我就能证明家蜜蜂的毒液与麻醉师们的毒液是一样的。所谓皇天不负有心人，机会终于来了。

　　一只雌距螽的前胸被刺中，它挣扎了几秒，然后就侧着身子跌落下来，腹部仍在抽搐，触角也在颤动，足仍然能轻微地摇动，跗节还会紧紧地勾住我的镊子。我将它翻转过来，它就保持着这个姿势一动不动。这种情况跟被朗格多克飞蝗泥蜂麻醉过的猎物一样。接下来的三周时间，我看到了熟悉的情节，这些情节都是被朗格多克飞蝗泥蜂注射过麻醉剂后的猎物才会有的：触角会动，大颚半开着，唇须贺跗节微微颤动，产卵管在收缩，腹部隔一段时间会抽动一下，用镊子碰一下，它会有所反应。到了第四周，这些有活力的生命迹象逐渐削弱，但它的身体一直保持着新鲜的颜色，一个月之后，它才开始转为褐色，死了。

　　这样来之不易的成功，我还有过两次，一次是对一只蟋蟀，一次是对一只修女螳螂。

　　这三个成功的案例，结果都与猎手麻醉过的猎物表现得一样：在很长时间内都保持着新鲜的状态，身体各处都有不同程度的轻微动作。

　　我真是无比地自豪，尽管我的实验失败了很多次，但总算成功地将这些猎物麻醉了，手术的完美，与那些优秀的麻醉师们相比毫不逊色。我相信，如果条件允许，被我麻醉的这些猎物也会完成幼虫到蛹的变化。

　　这三个实验充分证明，尽管家蜜蜂不是一个擅长麻醉猎物的麻醉师，但它的毒液与麻醉师们的毒液是一样的，可以达到麻醉师们对毒液"既确保猎物失去抵抗能力，又能维持生命、维持新鲜"的要求，完全可以充当麻醉剂。至于毒液是酸性的还是碱性的，这个问题已经不重要了，反正它能毒化、刺激、摧毁猎物的神经中枢，并由扩散作用逐渐感染到其他部位，使猎物呈现死亡、麻痹或偏瘫的特征。

　　虽然现在我无法弄清楚毒液还有其他什么作用，但有一点已经很清楚了，蜂儿的毒液是非常强大的，只需很少的量就能置猎物于死地。麻醉师的高明在于，它能巧妙地利用毒液，使用非常精确的剑法，将毒液注射到猎物体内，使这种威力极大的毒液缓慢发生作用，同时起到麻醉猎物和保持猎物新鲜的双重作用。

小贴士：达尔文的失误

你知道吗？最后一个对我的观点持怀疑态度的是达尔文。他认为，本能是后天学习得来的，所以会随着环境的变化而不断发生改变。而我的想法与他的刚好相反，我认为本能是与生俱来的，不会轻易发生变化。

还是让我模仿地质学家的做法，为大家还原一下昆虫的往昔岁月吧！

假如很久很久以前，蛛蜂的祖先生活在煤页岩中，它的猎物是蜘蛛的祖先蝎子。那么，蛛蜂该怎样征服一只这么可怕的猎物呢？昆虫们一贯的方法告诉我，它会使用制服狼蛛的方法，首先解除猎物的武装，将猎物那可怕的螯牙给麻醉掉。如果不采取这种方法，那么它只有被蝎子的螯牙给刺伤，被凶恶的蝎子吃掉，除此之外不会有第二种可能。而要顺利制服蝎子，它必须采用今天蛛蜂的方法，一击刺中控制螯牙的神经，否则它毫无胜算，根本不可能存活，也不会繁衍后代，更不会反复琢磨、反复学习制服蝎子的技艺。

达尔文的追随者仍然不相信我的话，又提出一个新的说法：本能会为我们展现物种的进化过程，会让生物从偶然的、无规律的学习和尝试中慢慢找到最佳方法，并将这个最佳方法当作最佳成果慢慢积累下来，不断遗传给后代。由于本能是多种多样的，所以今天我们可以找到很多从简单到复杂的例子。

但是，如果本能是多种多样的，可以让我们从简单到复杂的起源中找到原因。那么我们就不必还原很久以前的事情，也不必从化石煤页岩中寻找答案了，只要找到一个从简单到复杂的起源就行了。可是我对昆虫研究了半个多世纪，但在我半个世纪的资料中，用"本能的多样性"这一句话解释，根本就解释不通。

那些出色的麻醉师在对猎物进行麻醉的时候，有的只蜇一下，有的蜇两下，有的三下，还有的十多下；这个猎手蜇脖子，那个猎手蜇胸，第三个猎手可能又换了蜇的地方；还有的蜇刺猎物的头部将其杀死，有的只是麻醉猎物，有的只是咬住猎物的颈部神经节使其暂时麻木，有的让猎物吐出蜂蜜，有的先解除猎物的武装。在预备战斗中，有的喜欢逮住猎物的脖子，有的喜欢抓住猎物的喙，有的喜欢抓住猎物的触角，有的喜欢抓猎物的尾部，有的将猎物掀个底朝天，有的与猎物胸顶着胸对立，有的爬上猎物的背部，有的趴在猎物的腹部，有的挤压猎物的背部使它的胸甲裂开，有的拼命打开猎物蜷曲的身体……总之，它们有各种各样的招数。哦，忘记说卵了。有的卵悬挂在天花板上像一个钟摆一样吃下面的猎物，有的卵被安置在仅仅够吃几顿的食物上，然后妈妈不断地给它喂食，有的卵则直接产在被麻醉的猎物上，

有的卵则产在确定的地方，既保证卵的安全，又保证食物的新鲜，而幼虫则用特殊的方式来吞食猎物。

　　如此千变万化的本能，它们真的是从简单到复杂一点一点进化来的吗？我们能找到一个从简单到复杂的进化证据吗？不能！如果说数字的变化可以证明物种的进化是从简单到复杂的，那这个证据倒是有，一加一等于二，二加一等于三，以此类推到十。可这样的数字类推有什么作用呢？能证明物种

是在进化吗？除了数字在变化而已，其他就找不到根据了。

实际上，猎物在不断变化，捕猎方式也应该跟着变化，猎手总是非常了解猎物的身体构造，因此才能确保一击或多击能刺中猎物的神经节。不管猎物的长相多奇怪，身体构造多么复杂，猎人总能凭着本能，找到它的神经中枢，这是麻醉成功的关键。如此完美而合理的捕猎技巧，肯定需要非常深奥的搏击知识、生理知识和麻醉知识，这绝不是一加一等于二或二加一等于三这样简单的证据就能解释的了的。

即使一加一等于二或二加一等于三这样可怜的证据是可靠的，仍然无法解释物种的进化。假如说只蜇一次的土蜂是所有麻醉师的祖先，由于偶然间学到一种搏击方法，让它了解到在金龟子幼虫的胸部蜇一下就能制服它，然后把这个经验遗传给后代。然后，又一次偶然，它会发现蜇两次也会制服猎物，于是便进化到蜇两下这种捕猎方法。但要注意前提，猎物一定要发生变化，否则花金龟子幼虫只蜇一下就够了，干吗多此一举蜇第二下？而实际上被蜇两下的猎物是蜘蛛，制服它的猎手是蛛蜂。我们难道因此得出一个这样的结论：只会蜇一下的土蜂，现在会蜇两下，进化成了蛛蜂。这个结论不是太滑稽了吗？

错误的不是结论，而是命题。本能是后天学习得来的，这是错误的。

寄生虫们不为人知的一面

诚实劳动者VS犯罪分子

在昆虫的世界里，我总能发现这样的一组对比画面：有的居民忙忙碌碌，或为房子砌墙，或准备着结网，或是织布，再不就是出外打猎、寻找食物，然后放在房间里储藏起来，以备自己的孩子将来食用。这样的居民，堪称"劳动模范"，它们为家庭呕心沥血，是每位孩子眼中的好父母。

但也有另一些居民，它们看起来一副无所事事的样子，整天东游西荡，站在人家门口偷看，一有机会，就偷偷溜进别人的家中干坏事。可悲的是，昆虫界这样的居民还真不少呢，它们经常虎视眈眈地盯着一个诚实劳动者，时刻准备着抢夺人家的粮食和房屋，或者伤害人家的孩子。

诚实劳动者也知道自己的家园会遭到破坏，所以在造房子的时候，它们采取了一切安全手段，谨防盗贼进入。比如，有的劳动者建造的房子特别坚固，一般人无法撬开；还有的劳动者外出打猎回来，总是先将猎物放下，自己悄悄走进家，看看自己的家庭有没有被破坏，然后再回来拿猎物。不幸的是，无论这些劳动者多么小心，坏人总是有办法进入它的家庭搞破坏。

看！这个身穿黑白红三色毛衣，长得很像一只胖蚂蚁的家伙准备干什么？它走到斜坡上，找到一个隐秘的角落，然后用自己的触角轻轻敲地，在某一处掏一掏，挖一挖，不一会儿就找到一个地下通道。它从容地走进地下城堡，在里面待了一会儿，就出来了，还不忘用泥土堵好房门。乍一看，它好像回家了一趟而已，若不是长期观察它，我还真被这种假象蒙蔽，误以为它是一个好人。其实，这个"胖蚂蚁"名叫蚁蜂，是个寄生虫。刚才它就偷偷溜进别人的蜂房，将自己的卵产在别人的茧里，将来，它的孩子就是吃着这个茧的肉长大的。

蚁蜂还只是偷偷溜进别人的家中干坏事，还有的昆虫，竟然在青天白日下公然干坏事，嚣张得很，是一个彻彻底底的大坏蛋。比如说肉色青蜂，它是铁色泥蜂的寄生虫，它总是将铁色泥蜂的茧杀死，然后占据人家的房子。肉色青蜂不用趁主人不在偷偷溜进去。因为它不会撬门，它总是在主人在家房门打开的时候大模大样地走进去，直奔主人的仓库，一点也不担心铁色泥蜂用大颚和蜇针反抗。

令人奇怪的是，铁色泥蜂即使在家里，看到强盗进来，竟然也不吭声，任凭它在自己家中做坏事。结果，肉色青蜂在铁色泥蜂家中产了一个卵，卵很快孵化，将泥蜂茧吃掉，然后自己结茧、羽化，之后像它的妈妈一样再到其他泥蜂家中做坏事。

　　唉！一味地纵容，只会让犯罪分子更猖狂。那些诚实的劳动者，城堡的合法居民，在工作方面一点也不含糊，它们可以没日没夜地干活。只要劳动它们就会很开心，这一点是非常令人钦佩的。遗憾的是，劳动并没有提高它们的智商和勇气。面对入室抢劫的坏人，听之任之的居民不止铁色泥蜂一个。我还见过这样一件事，条蜂妈妈要出去采蜜了，坏人毛足蜂入侵了。条蜂妈妈不但不赶走它，还客气地给它让座，让它随意在自己的屋子游荡，然后门也不锁就出去了。毛足蜂呢？理所当然地占据了条蜂妈妈那满是蜂蜜的家。

　　这样侵略和被侵略的事，昆虫界真是太多了。蚁小蜂会潜入阿美德黑胡蜂家中产卵，让自己的孩子吃胡蜂的孩子和它的蜂蜜；卵蜂虻、弥寄蝇、褶翅小蜂是石蜂的寄生虫，它们既抢占石蜂房屋，也杀害石蜂孩子；弥寄蝇同时还是铁色泥蜂、大头泥蜂、节腹泥蜂、步甲蜂等昆虫的寄生虫；拟熊蜂是熊蜂的寄生虫，也总是干一些抢劫和杀人的坏事等等。总之，寄生现象在昆虫界实在是太多了，这里不是法治社会，抢劫和杀人是强盗的生存法则。

"拟态"的愚蠢

　　双翅目昆虫尽管看上去弱不禁风，但它们骨子里大多是杀人越货的强盗，如卵蜂虻、毛足蜂、盾斑蜂。对于毛足蜂、盾斑蜂，我除了用"强盗"一词形容它们，有时也叫它们"穿丧服的家伙"，因为它们总是穿黑白服，看起来很怪异。

　　说到昆虫的服装，我想起"拟态"这个词。进化论者总是说，老虎身穿条纹服装，是想模仿树林里的阴影带，与环境的颜色相似可保护自己的安全。还有一种叫做狮鬣的动物，它总是身穿与沙漠颜色相近的服装，这也是为了适应环境。这种现象就是"拟态"。会拟态的动物，总是让自己的颜色与周围环境的颜色相似，这样就能隐藏自己，迷惑敌人，或者悄悄接近猎物。因此，云雀进化成土色，就是为了随意在农田里捉食；蜥蜴进化成草绿色，是为了让草丛中的敌人看不到自己；菜青虫进化成青菜的颜色，是为了使菜农们无法发现自己。

　　自然界这种动植物在颜色之间的相似性，确实很神奇，年轻的时候我就对这个现象充满了兴趣。但随着年龄的增长，我的怀疑精神也逐渐增长起来。既然云雀知道用拟态的方法觅食，为什么同是在农田中觅食的灰喜鹊，不知道进化成土色，而长着白色的胸、黑色的脖子呢？既然蜥蜴知道身穿与环境色相似的衣服比较安全，那么它离开绿地，来到光秃秃的岩石上，为什么不穿上与岩石颜色相近的衣服，而依然一身草绿色呢？

这样的为什么，我可以提出很多。每出现一个拟态的例子，我都可以找到99个反驳的例子。只有1％可以适用的法则，还叫法则吗？拟态的出现实在滑稽得很。

对于寄生现象，有的专家也发出了同样的谬论。有的观点还认为，寄生生活之所以成功，是因为寄生虫穿了与寄主一样的衣服，好叫寄主认不出自己，这样自己就安全了。例如熊蜂的寄生虫拟熊蜂就与它长得很像。那么，谁能为我解释解释，为什么毛足蜂和盾斑蜂要穿黑白丧服呢？这与它们的寄主石蜂是多么不同啊。肉色青蜂与铁色泥蜂也不像，毛足蜂和条蜂也不像。

我曾邀请一位资深专家参观我的实验室。他看到一个穿黑黄色外套的虫子，就用坚定的语气对我说："这肯定是胡蜂的寄生虫。"

"为什么呢？"我问他。

他说："你看它长着与胡蜂一样的颜色，这是典型的拟态。"

　　我得承认，这个穿着黑黄礼服的家伙，确实很像胡蜂的家族成员。可事实上，它是褶翅小蜂，是高墙石蜂的寄生虫，不是与自己相似的胡蜂的寄生虫，它与石蜂长得一点也不像。最后，这位资深专家也对我的质疑心悦诚服，承认"拟态"是一种不太科学的法则。

53

拟态的说法不但不科学，而且还违反了事实。你还记得毛足蜂造访条蜂的表现吗？主人竟将侵略者请进屋里，侵略者根本不必将自己打扮得与条蜂很像，因为它根本不会有危险，主人并不反击和伤害它。

实际上，在昆虫界，除了群居昆虫，昆虫并不喜欢与自己长得像的昆虫为伍。一只壁蜂，并不喜欢另一只壁蜂造访自己的家，否则就对其展开猛烈的攻击，不将入侵者打得肩膀脱臼、双腿残废决不罢休。一只条蜂，也不会冒冒失失地去造访另一个条蜂邻居，因为对方总会将它狼狈不堪地赶出来。

同类昆虫之间，即使是群居昆虫，也都是各自忙自己的，老死不相往来。相反，它们对待异类，那些与自己长得不像的昆虫，则友好得很。如蜜蜂的寄生虫双齿芫菁，它长得非常奇怪，与蜜蜂一点也不像，但蜜蜂对它的入侵却毫不在意，最多就是觉得房间太挤了，挥挥翅膀轻轻赶它一下，从来不会像对待同类那样打得缺胳膊少腿。这种现象，与我们人类社会"远亲近疏"的交际法则是多么相像啊！

由此可见，"拟态"这一法则是多么愚蠢和可笑。

我们都是寄生者

说到我们自己，我又想起昆虫世界与人类社会另一个不同之处。

"寄生"一词的含义，权威大字典这样解释：吃别人的粮食，占据别人储备的人，就是寄生者。人类社会中，那些享受别人劳动成果而自己不干活的人，往往被我们骂作"寄生虫"。

可这个概念在昆虫界并不适用。卵蜂虻、褶翅小蜂等这些被我们称作"寄生虫"的虫子，它们并不食用别人的粮食，只是食用别人的幼虫，幼虫才是它们的寄主。

我们也不能粗暴地说土蜂是寄生虫，因为它通过自己的诚实劳动，通过打猎的手段将金龟子幼虫捕获，然后让自己的孩子以金龟子幼虫为食。

我们更不能一味地指责"寄生"多么不道德，因为对于这些虫子来说，

这是它们生存下去的必要手段，这是大自然安排的法则。我们称它们为"偷猎者"，比称它们为"寄生虫"更科学。

在我们人类社会，我们可以指责那些吃别人东西的懒汉，可以骂他们是"寄生虫"。可我们人类自己呢？我们吃粮食，吃动物的肉，难道我们不是一群庞大的寄生虫吗？

你可以说你这是合法劳动，你耕地了，你打猎了，你喂养了，这些粮食和肉都是自己的合法所得。可虫子们也付出了自己的劳动呀！例如石蜂，虽然有时候它会抢夺同类的房屋，将同类的蜂蜜据为己有，但它并没有从此就享受生活不劳动了呀！它依然会修补房子，会辛辛苦苦采蜜，然后产卵，像对待自己家一样锁好大门。因此，昆虫们不会寄生同类，不会以自己的同类为生，我们人类却会。

我只能说，生活就是广义的抢劫。自然界的物质，从一种生物的胃中，流入到另一种生物的胃中。每种生物，不是吃别人粮食的食客，就是被别人吃的菜肴。一切生物都在寄生，这是普遍的生活法则。

人类就是最大的寄生虫，因为我们偷取羊羔的奶喝，抢夺蜜蜂的蜂蜜吃，杀掉牛吃它们的肉。这些行为，与毛足蜂抢条蜂孩子的

食物，卵蜂虻幼虫吃石蜂幼虫没什么区别，大家都是吃别人的粮食、占据别人储备的生物，都是寄生虫。

因此，在吃与被吃之间，面对那些被我们不屑地称为"寄生虫"的虫子们，我们的名声并不比它们好多少，因为我们获取了更多生物的粮食，也猎杀了更多的生物。那些长期背着"寄生虫"恶名的毛足蜂、卵蜂虻们，它们只是毁了条蜂的窝，吃了石蜂的孩子而已；但与我们人类这样广泛的生存活动相比，它们的行为又算得了什么呢？上天没有赐予它们劳动工具，也没有传授它们农耕生活的知识，它们什么也不会。为了繁衍种族，它们只好去抢其他虫子的粮食。在生存竞争无比残酷的自然界，它们做了力所能及的一切，这又有什么过错呢？这是大自然的安排，也是大自然赐予它的唯一能力。

懒惰导致了寄生

　　长期以来，对待卵蜂虻、毛足蜂这样所谓的"寄生虫"，人们只是指责它们懒惰、不劳动，除了抢夺别人的劳动成果、损人利己，什么都不会。有的理论家甚至说，它们本来也像勤劳的蜜蜂一样，拥有自己的劳动工具，但它们就是好吃懒做，长期不干活，白白浪费了劳动工具。于是慢慢的，它们的劳动工具便因为长期用不着而逐渐退化了，这些物种便彻底沦为不会干活

只会窃取别人劳动果实的东西，成了寄生虫。

这就是进化论者的寄生理论。

毛足蜂是怎样变成寄生虫的？

他们会说，很久以前，毛足蜂是会劳动的，比如说会采蜜，会盖房子。但是一个偶然的机会，它急着产卵，但房子还没盖好，于是便匆匆忙忙将卵产在别的昆虫家里，结果它的孩子也安然无恙地出生了。这次经历让它发现，原来不用辛辛苦苦劳动也能繁衍后代呀！这种生活真是太舒服了！于是，从此它便放下劳动工具，什么活儿也不干，只是每天寻找房子已经造好、粮食已经储存好的城堡，将自己的孩子产在里面。这样做当然省时又省力，于是它的子孙后代也遗传了它这种懒惰习惯，什么活儿也不干，像它们的祖先一样，只找有粮食有房屋的地方产卵。结果，这个家族的劳动工具长期闲置不用，便退化了，它们的家族从此开始了寄生

生涯。为了更好地寄生，不被寄主赶走，它们身体的颜色和形态，因为需要适应环境的缘故，也逐渐发生了变化，最后，使它们进化成为另一种昆虫。

进化论者为了证明上述这种寄生理论的正确性，还举了一些例子。例如寄生虫拟熊蜂，就是那些懒惰不喜欢干活的熊蜂进化而来的，因而保留了祖先的一些特征，与熊蜂长得比较像。同样，寄生虫尖腹蜂是懒惰的切叶蜂进化而来的。

按照进化论这种说法，自然界中这样的例子太多了，我也相信，这些虫子与它们所谓的"祖先"长得确实很像，但这并不能说，懒惰导致了寄生。

首先，我并不喜欢"懒惰"这个词。我认为寄生虫的祖先们并不是为了逃避劳动才变成今天这个样子的。虽然它们不对寄主的粮食和房屋做贡献，反而抢夺别人的劳动财产，杀死财产的合法主人，但这并不能说明它们不劳动。事实上，昆虫界的每只虫子，包括自然界中任何生物，没有一个不参与劳动的。劳动是生命的一切，只有劳动才能体现生命的意义，即使是坏蛋寄生虫，它们也是需要劳动的，而且有时候它们的劳动量甚至比那些寄主更大，比如说暗蜂。

暗蜂那苦工般的生活

　　用进化论者的理论解释，暗蜂之所以成为寄生虫，是因为它不喜欢干活。很久很久以前，它发现不劳而获的日子更舒服，于是它便抛弃了自己的劳动工具，不再劳动，变成一个专门抢劫他人劳动果实的懒汉。

　　事实却不是这样的。我对它进行了很长时间的研究，在它身上没有发现一丁点儿懒惰的因子。

　　烈日炎炎，暗蜂不顾炎热，开始出来"抢劫他人的劳动果实了"。天气是这么的热，知了都停止了歌唱，别的昆虫都躲在阴凉的地方休息了，它却在烈日下走着，一个蜂巢一个蜂巢地探察，寻找可以寄生的地方。

　　它的工作不像石蜂那样有规律，按照一定顺序筑巢、采蜜、产卵就可以了。通常是，为了给孩子找一个适合居住的家，它要在烈日下钻上百个洞。每准备产一次卵，它都要寻找很多很多蜂巢，也许找了一百次才找到那么一两个合意的，其余九十多次的寻找，根本就是无用功。尽管如此，它仍然热情饱满地寻寻觅觅，就像石蜂热情地筑房、采蜜一样。

　　这些还只是模糊的叙

述，如果你想精确地知道暗蜂付出了什么样的劳动，那就再看看它的钻探工作。

当暗蜂找到一个石蜂的蜂巢时，它会仔细考察能不能把孩子产在这里。前面我们讲过了，石蜂的房子是由小石子和泥浆做成的，非常坚固，大门也堵得结结实实的，对于弱小的暗蜂来说，这根本就是一个坚固的水泥城堡。但为了家族的繁衍，现在它要用自己细细的腿，并不锋利的大颚，努力攻破这个像岩石一样坚硬的水泥城堡了。

这个"懒汉"开始干活了。它用自己那并不锋利的工具，一点一点地在水泥城堡上挖掘，一点一点地啃咬。城堡是多么结实呀！我观察了它整整一个下午，也没见它钻透一个蜂房。但它依旧不气馁，挖呀挖，啃呀啃，累得几乎快虚脱了。我不忍看它这么辛苦，就用一个小刀帮了它一下。在它的努力和我的帮助下，它终于在城堡上挖出了一个小井，刚好能容下它的身子。

可惜，现在它才只是钻透了石蜂蜂巢盖子而已，然后它还要穿透整个蜂巢的外壳，这是一个更庞大的工程，钻探的时间仍然特别长。但是，最后它终于成功了，被它造访过的石蜂窝里，暗蜂产下了自己的卵。

最后，为了掩盖自己的所作所为，这个盗窃者，还要将自己钻的洞堵死，让它保持原先的模样。于是刚刚还是钻探工的暗蜂，现在又成了一个泥瓦匠。它找了一些红土，用自己的唾液将泥土和成砂浆，然后像一个真正的泥瓦匠一样，将这些泥浆一点一点地抹在洞口。直到将这个被自己钻开的洞口彻底堵严实，它才离开。

目睹暗蜂如此艰辛劳动后，你还会认为它是一个游手好闲的懒汉吗？为了打开一个蜂房，它花费了比采集一囊蜜多得多的时间，如果它是一个逃避劳动的懒汉，为什么它不选择采蜜、造房这样轻松的工作，反而背着骂名、累得筋疲力尽地去撬别人家的房门呢？它偶然经历一次，就知道撬门的工作很辛苦，不可能将这种劳苦的工作习惯遗传给子孙后代。

只能说，暗蜂并不是因为懒惰才成为寄生者，它天生就是如此，天生就不得不做更辛苦的工作。

劳动的爱好者

进化论者也许还会这样说，因为第一次不劳而获的印象太深刻了，后代便遗传了这个记忆，从此不再劳动，过上既省精力又省时间的寄生生活。

真的是这样吗？让我们来看看石蜂是怎样回答我们的。

我曾经说过，石蜂的情感世界很丰富，时不时地还会闹闹小情绪。

我在研究石蜂那一章中，曾经留下这样一段文字：

打比方说，一只已经盖好房子、储存好蜂蜜的石蜂回来之后，发现自己的家遭到了破坏，例如被一个像我这样的昆虫学家调换走了，或者被

大风吹走了，它就会变得很愤怒。它可能会说："谁把我的房子搬走了！哼！别想着我好欺负！我也去欺负别人！"然后，它便毫不犹豫地撬开另外一只石蜂的房子，把别人的房子据为己有。

但是，只要它的卵有地方可放，它的愤怒就到这里为止了。它虽然闯进别人的家里，却不会将别人的孩子扔出去，然后像寄生虫一样在这里捣乱。它不会这样的，它的怒火在它撬开别人房子的那一刻，已经消失了。然后，我们会看到，它像没发生任何事情一样，跟其他石蜂一起，采集蜂蜜，或者寻找石灰质黏土，依然老老实实地修建房子，储存粮食，不再想着抢占别人屋子这样的坏事，除非它的房子又遭到了意外。

由此可见，石蜂还算一个可爱的小家伙，它撬开别人的屋子，只是因为它自己的屋子被别人抢占了。可只要平息了自己的怒气，它就会热情洋溢地、勤快地建造已经属于自己的房子。即使这时有一堆蜂窝摆在它面前，它也绝不想再去搞破坏、不劳而获地得到别人的东西。它比那些不劳而获专门伤害别人的寄生虫们强多了。

它们自从来到这个世界就不停地干活，最后连见自己孩子一面，听它们甜甜地说一句"妈妈！您辛苦了"这样的机会也没有，难道它们不会觉得委屈吗？更何况，大多数情况下，它的孩子和窝都因为寄生虫的捣乱而变得没有意义

了，难道它对所做的一切不觉得不值吗？

不会！它什么感觉也没有，它只知道不停地劳动。哪怕你当着它的面将它的窝扎一个洞而使蜂蜜都漏掉了，它也无动于衷。它所有的生活，除了撬开别人的窝这个小小的报复，就是按照自己既定的程序一直劳动，哪怕累死。

石蜂们之间经常发生这种抢夺别人房屋的报复行为。难道它没发现这样抢夺别人的房屋、抢占别人蜂蜜这样的行为比辛辛苦苦劳动更舒适吗？它为什么不从此丢下自己的劳动工具，专心做一只寄生虫呢？这种不劳而获的生活不是很舒服吗？

石蜂一定记得不劳而获的感觉多么美好，但是它没有将自己的思想停留在抢夺上，而是报复完毕之后，立刻投入到新的劳动中去。它会将这个新家当自己家那样爱护，辛辛苦苦地储存粮食、产卵，并不会因为前任房主已将一切都已经准备好而停止劳动。它的后代们，更不会因为母亲这次抢占行为而产生世代以抢夺为生的念头，从而让自己沦为寄生虫。

不敢提"现在"

　　我已经证明了懒惰不是寄生的原因，现在我试试证明其他一些观念的正确性。三叉壁蜂有毁坏隔墙的本领，因此也有撬开别人房门的能力，现在我就来试试它们会不会成为寄生虫。

　　开始，所有壁蜂都辛辛苦苦地建造隔墙，打扫蜂房。忙碌到最后，除了一些落后者，所有试管都被壁蜂们抢占了。至此，这块"土地"已经被开发商征用完毕。现在的情况是，那些落后者因为已经工作了太久，似乎没有精力抢到新的管子盖房子，它们又急需产卵。这些条件刚好符合进化论者提到的"偶然"。

　　我重新在实验室里放了一些新的空管子，与其他已经建造好隔墙的管子放在一起。结果我发现，这些新管子，只有很少一部分壁蜂准备在这里安家，而且只建很少的蜂房。大多数壁蜂选择了抢夺邻居已经建好房子的管子。它们来到邻居们的试管面前，野蛮地撬开人家的锁，用大颚将里面已经产好的卵撕开，扔掉，或者干脆将这些卵给吃了。这些蜂房，有的根本就是它自己以前建造过的，但是它忘记了，它竟然吃了自己的孩子！

做完这些坏事之后，壁蜂在蜂房里产下自己的卵，然后又小心地建造好隔墙，清理垃圾，堵上大门，跟正常的工作没什么分别。有的壁蜂还需要再产卵，再寻找蜂房。于是它将邻居屋里所有碍事的隔墙都破坏掉、吃掉或扔掉里面的卵，然后产下自己的卵，重新打扫房间，重新建造隔墙。

它们完全可以在旁边的新管子里造房子、产卵呀！为什么偏偏要像强盗那样破坏邻居的家庭？难道它现在准备进化成一种寄生虫吗？我无法解释它们疯狂的行为。不过我可以明确地说，它们并不是因为想要变懒才这么搞破坏的，因为它们破坏之后又像以前那样劳动了。它们究竟在想什么？难道它们的思想里有毁坏别人家庭这样的念头吗？不知道。

现在似乎可以证明，壁蜂们在工作接近尾声的时候，会毁坏别人的家庭。如果它长期都这么做的话，很可能养成毁坏别人家庭、吃别人的卵、为自己卵安家的寄生行为。也许经过几百万年之后，它就进化成另一种寄生虫。

可是，几百万年之后的事情，谁还能告诉我会怎样呢？按照进化论的推理，壁蜂现在处于正在形成寄生虫的过程中，但"现在"进行下去的结果是否就是将来某种寄生虫呢？没有人知道。

进化论者喜欢探讨过去，喜欢探讨将来，却无法对"现在"的现象给予一个完满的解释。而这个"现在"恰巧是我们最关心的话题，也是唯一一个能提供事实根据的话题，但进化论却没法告诉我们"现在"有什么。难道进化论属于过去和未来，不承认现在吗？我真不明白进化论者是怎样想的。

　　三叉壁蜂们进化成为寄生虫的过程太长了，我看不到，真是太遗憾了。我只知道，"现在"，寡毛土蜂是壁蜂的寄生虫。如果进化论的一切都合情合理的话，从进化顺序上讲，寡毛土蜂应该在土蜂的后面，在蚁蜂的前面。可是，土蜂以猎物为食，蚁蜂也是，那么处于它们中间的寡毛土蜂应该也是一种吃肉的昆虫。事实却是，寡毛土蜂吃蜂蜜。一个原来吃肉的虫子，通过进化，竟然成为吃蜜的虫子，吃肉者进化后会吃蜜？这不是滑天下之大稽吗！

　　一句话：进化论未必完全可靠，它的很多观点都是值得商榷的。

卵蜂虻：四次拍案称奇

黏吸式口器

　　我说过，我并不歧视寄生虫，它们毁坏别人家庭、抢占别人粮食的做法，是大自然安排的生存法则。就像我们人类会获取羊羔的奶、获取蜜蜂的蜂蜜一样，都是生活需要。因此，下面我将要讲几种寄生虫的生活，它们可能会比较残忍，但这是自然赋予它们的权力。请你带着欣赏的眼光，看看它们生存的智慧，不必理会它们的残酷。

　　先以卵蜂虻为例吧。它是石蜂的寄生虫，总是从石蜂的巢中出来。在它没出来之前，我通常会发现，干枯的石蜂茧旁边待着一个无足、无眼、光秃秃、身体呈灰白奶油样的小虫，它就是卵蜂虻的卵了。我知道它是以石蜂茧为食，专啃茧那肥嘟嘟的脂肪。可是这个只有几毫米长且没有眼睛的小家伙，是怎样啃食那庞大的茧呢？我无论如何也没想到，这个小生命竟然连续四次让我感到不可思议：

一、想吃就吃，随时可以重新开始

我将卵蜂虻放在放大镜下观察，发现它的头很小，非常柔软，看不出进食肉的大颚在哪里。我将它放到石蜂茧面前，发现它也只是在食物面前收缩一下身子，或者扭动一下，根本不会走路，更不会前进。我现在更担心它无法进食了。

可是我发现，这个不会走路的小家伙，无论我什么时候打扰到它，它都会立刻从吃着的猎物中退出来，直到觉得没危险了，才再次钻进猎物身体里进食。根据我的观察，土蜂幼虫进食的时候，只从一个点进入，然后一头扎在食物里，在猎物变成一张枯皮之前，任我怎么骚扰，它都绝不离开半步。如果我用强力把它拽出来，它仍然会执着地寻找它最开始进入猎物身体的切入口，它绝不会随随便便地另开一个口子进入。即便是它找到了最初的那个切入口，原路钻进猎物身体去重新开始它的大餐，它今后的生长也会大受影响，甚至死去。但我却发现卵蜂虻，无论它从哪个角度进食，它都没事，它可以任意选择进食的地点。稍微有些危险的预兆，它便迅速逃离，不像土蜂幼虫那样，我不用强力都很难把它从猎物的身体里拽出来。

二、它竟然长着吸盘

更奇怪的是，卵蜂虻随便从哪儿都能很轻易地切入猎物的体内。当它从猎物身上退出来后，我在猎物身上却找不到任何伤痕，我拿放大镜仔细观

察了一只被它啃噬的石蜂茧，却发现，石蜂茧的皮肤一直都是完好无损的。按理说，卵蜂虻那么频繁地变换进食地点，我应该在石蜂茧上找到很多伤口的，但我却一处也没找到。

我将卵蜂虻放在显微镜下，对准它的头，仔细寻找它的嘴。我终于看到，卵蜂虻头部的中间，有个像琥珀一样的红褐色小点，这个应该就是它的嘴了。这个嘴，非常奇怪，怎么形容呢？它像一个漏斗，上面有细纹，深处是食管。毫无疑问，它的嘴就好像一个吸盘，进食的时候用这个锥形口用力吸就行了。事实证明，石蜂茧就是这样被它吸干的。

原本肥得流油，充满了生命力的茧，被卵蜂虻吸了一周之后，就变成了一张皱巴巴的皮；再吸几天，它就变得只剩下一个像大头针那样大小的白色小粒粒了。我将这个小粒粒放在水里，然后通过一个细细的玻璃管往里吹气，使它完全沉入水中。于是这个白色的小粒粒遇水膨胀，又恢复成一个茧的样子，好像一个被吹起来的气球，但是却连气球那唯一的吹气孔也没有，浑身完好。

卵蜂虻是怎样做到不在茧上留一处伤痕而把茧吸干呢？难道是因为内渗吗？我真的不清楚。

三、即使不麻醉猎物，它也能平安无事地吃到新鲜肉

最令我惊奇的是，卵蜂虻知道最适当的进食时机。如果它在石蜂没结

茧之前进食，它那只有几毫米长的身体肯定会被石蜂抓得粉碎。可是它选择了沉睡中的茧，这样即使它不会麻醉术，但茧睡得晕晕乎乎的，不会起来反抗。因此卵蜂虻不用麻醉猎物就安全地吃到了新鲜无比的食物。

令我惊奇的事情太多了，我只好赶紧研究下一个话题——"新鲜的食物"。如果石蜂茧被卵蜂虻吸了几下之后就死掉，那么一天之内，它的身体就会变成褐色，变得腐败。事实是，那个被吃了15天的茧，身体自始至终都是健康的奶油色，直到最后，彻底被卵蜂虻吸干之后，它才变成快要腐烂的褐色。

我用针尖扎一下，茧仍然很快就死掉，腐烂。而给卵蜂虻吸，15天之内茧仍然保持着体色。为什么一个小小的针尖就会要了它的性命，而卵蜂虻那么残酷的杀戮却不会使它死掉。为什么？谁能解答我这个疑惑？

四、我不知道怎么说了……

有人说，世上没有完美的东西，但我看到了。对于卵蜂虻的进食艺术，我只能用一个词来形容——完美。

土蜂幼虫进食的时候，稍不小心，就会咬到猎物的重要器官，将它杀死。猎物一死，很快就会腐烂变质，土蜂幼虫吃后就难免会食物中毒，一命呜呼。但卵蜂虻却不会有这样的问题，因为它长着吸盘，能吸到食物而不必在猎物身上留下一个伤口，这样就绝不会咬到茧的重要器官，也就不会杀死它，因而确保自己永远吃到新鲜食物，不用担心吃到腐败食物而中毒。

它是"吸食"的，那么食物必须是液体的，这样它才可能隔着皮肤吸进

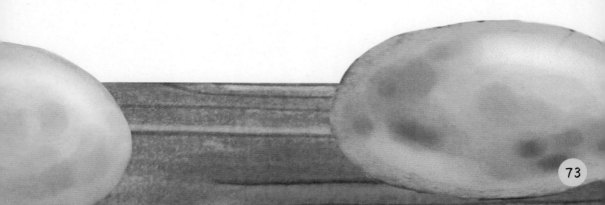

吸盘。想到这里，我在显微镜下解剖了一只沉睡的茧，果然发现，它的身体几乎是一种浆液，几乎可以被完全吸走。

我终于明白卵蜂虻的智慧了！我很少在一只石蜂幼虫或者成虫身上发现卵蜂虻，因为石蜂处于这些生长阶段的时候，体内已经有坚硬的器官了，这些器官会阻止体内的液体渗出来。但石蜂处于茧的阶段时，体内没有这些碍事的器官，只有液体，刚好可以被卵蜂虻的吸盘吸走。

我不知道，在众多的食物中，卵蜂虻是怎样发现这样肉质肥美、不用麻醉也可安全进食、永远新鲜，且能够被完全吸净的美食的。这种进食艺术实在是太完美了，至今我从没有见过谁比它更懂得怎样进食。

能够连续四次让我如此惊奇的昆虫，目前为止也只有卵蜂虻。

前面我说过，寄生虫是很不容易的，背骂名，干苦工。卵蜂虻除了这些，还要有更多的智慧，否则它不能如此完美地进食。除了进食，我还发现它的另外两个奇特之处：

别的昆虫都是变为成虫之后出窝的，但它的成虫很虚弱，蛹很强大，于是就以蛹的状态出窝；在钻出蜂房那一刻，或者说一刹那羽化为成虫。

卵蜂虻的传记终于写完了，虽然很长，但有些关于卵的细节问题仍然不是很清楚，留给那些更有智慧的人研究吧！

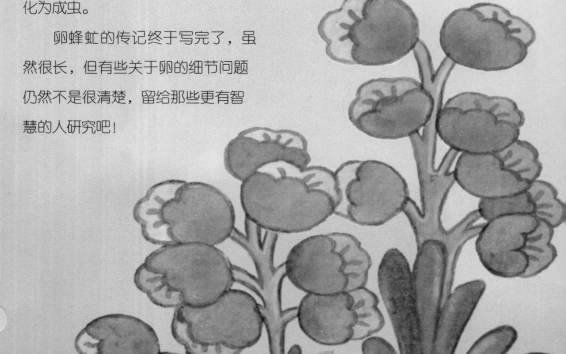

钻探工褶翅小蜂

　　褶翅小蜂也是石蜂的寄生虫。它与卵蜂虻相似，也是将卵产在石蜂的蜂房中，让自己的卵吃石蜂的孩子；也是不吃石蜂幼虫，而是趁茧睡得昏昏沉沉的时候吃了它。与卵蜂虻所不同的是，它没有吸盘，但可以用大颚刺破茧皮，然后像吃奶一样将茧吸食掉。它进食完毕，茧不是只剩下一个白色的小粒粒，而是剩下一张褐色的皮。这说明用大颚进食不及用吸盘吸食来得完整，再次证明卵蜂虻二龄幼虫进食艺术的完美。褶翅小蜂吃饱了饭，就变成了蛹，多次蜕变之后便羽化为成虫，这与其他昆虫没什么不同。

　　值得研究的是产卵。我曾用剪刀剪掉褶翅小蜂的头、腿和翅膀，然后在它身上穿上一个大头针。结果发现，这个奄奄一息的小生命，产卵管仍在抽动，仿佛在说：我就是死，也要将孩子生下来！这让我认识到，产卵是每只虫子的神圣使命，任务没完成，它就不甘死去，只要有一线生机，它仍然努力产卵。于是我就想知道，在自然状态下，褶翅小蜂是怎样产卵的。我知道它也是一个钻探工，能钻透卵石石蜂和棚檐石蜂的蜂巢，于是我选择在棚檐石蜂的巢附近等着褶翅小蜂，以便观察它如何将卵产在别人的蜂巢。

我在毒辣的太阳下等了很多天，褶翅小蜂仍然没有动静。我都快晒昏了，怀疑自己还能不能再客观地研究。一直等到7月的第一个星期，我才在棚檐石蜂的蜂巢上等到了12只褶翅小蜂。它们的钻探水平并没有我想象的那么出色，只是笨拙地钻探，可能是因为大着肚子要生了吧？

　　然后我看到，褶翅小蜂用自己的触角，在蜂巢表面轻轻地叩击，完了之后，头部又微微倾斜着，好像在托着下巴思考：这个地方是否适合产卵呢？反复观察让我确信，它这个动作就是在思考。如果它觉得这个地方合适，它就会用长着探针的肚子，努力往里钻，似乎要更用力一些，它的小腿吊得高高的，身体一动不动。这个姿势，根据钻探的难易程度，可能要保持十几分钟。我还曾见过一只褶翅小蜂，不停地钻探了三个小时，这个姿势也就维持了那么久。石蜂的巢那么坚固，它的腿又那么瘦弱，这跟用一根头发丝钻透石头有什么区别？但不管我怎么担心，褶翅小蜂最终还是完成了钻探任务，顺利地在棚檐石蜂巢里面产了卵。

　　我用高倍放大镜观察它钻过的地方，希望会有一个小洞或者小缝，但我却什么也没发现。用肚子穿透坚硬的石灰，这已经很奇怪了，它怎么可以不留一点缝隙呢？难道它肚子末端的产卵管下面有个针尖，这个针尖有融化石灰的能力，产卵完毕之后石灰又重新干涸吗？否则不能解释它钻过的地方没有一点缝隙。但是我仔细观察产卵的地方，没有发现一点潮湿的痕迹。褶翅小蜂究竟是怎样完成这个艰巨任务的，我不知道。

现在产卵已经完成了，我就盯着卵，开始研究它在蜂巢的生活。蜂巢又让我看到两个现象。

一、褶翅小蜂每完成一次产卵，我就在蜂巢上做一个记号。结果我发现，这个被我做了记号的蜂巢下面，总是有一个小蜂房，里面躺着活生生的石蜂。石蜂的窝，蜂房之间是有隔墙的，而且，蜂房之间还有很多大大小小的空隙，这些空隙跟蜂房差不多大。褶翅小蜂如何做到每次钻探的地点，下面都是蜂房，而不是隔墙。可是隔着蜂巢的外层，它怎么知道下面是墙还是蜂房呢？

在此之前，我只看到它用触角叩击蜂房。难道用触角叩击一下，它就知道下面是实心的还是中空的吗？面对着蜂房，它就能听到空空的回声吗？

我还发现，触角有辨别的能力。它叩击之后没有决定钻探的蜂巢，里面通常躺着死去的石蜂卵、坏掉的蜂蜜、干瘪的成虫，或者其他垃圾。而叩击之后决定钻探的蜂巢，里面总是躺着活生生的石蜂卵和新鲜的蜂蜜。触角究竟是一个听觉器官，还是视觉器官呢？还是其他我们不知道的感官器官呢？仍然不清楚。但我可以排除嗅觉。

二、被我做了记号的蜂巢，里面都是躺着一个鲜活的卵和新鲜的食物。我发现，这一个可利用的蜂巢和蜂房，它在几天之内被褶翅小蜂钻探了好几次，同一个蜂房有时候甚至被同一只褶翅小蜂钻探好几次。后来的每一只褶翅小蜂，都怀着第一个占有者的热情，毫不犹豫地在这里产卵。

一个蜂房里只躺着一只石蜂，只有一份储粮，褶翅小蜂妈妈不停地在这里产卵，这么多褶翅小蜂幼虫怎样吃这一份口粮呢？我好奇地打开被钻探了几次的蜂房，结果发现里面只有一只褶翅小蜂幼虫。打开了好几个蜂房，结果都是如此，第二年的观察仍是如此。于是第三年，我等几只褶翅小蜂在同一个蜂房产卵完毕之后，立刻就打开了那个蜂房，果然看到了好几枚卵。但是我后来打开的蜂房里只看到一只褶翅小蜂幼虫。在这段时间内，肯定发生了什么事情，使几枚卵变成了一枚。

究竟发生了什么事情，以后我会告诉你。

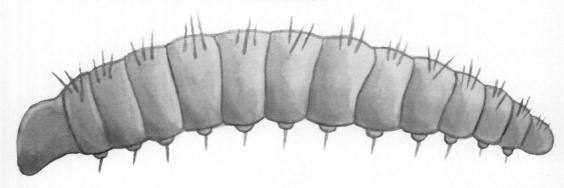

"剑客" 赤铜短尾小蜂

    赤铜短尾小蜂是一个普通的钻探工，但"剑客"这个艰涩生僻的专业称谓，倒显得它好像多么与众不同似的。其实它本身没什么引人注目的地方。只不过是前辈昆虫学家给它取了一个拗口的名字，让人乍一听，还以为它是奇怪的史前动物呢。实际上它只是一种普通的小蜂，与褶翅小蜂很相像，只是产卵管上的剑鞘立起来了，看起来像佩了一把剑而已，所以我索性叫它"剑客"。

    剑客的生活与褶翅小蜂类似，也是寄生生活。只是它除了寄生石蜂，还寄生暗蜂、条蜂、壁蜂、黄斑蜂等等。反正它的卵是以茧为生的，至于什么昆虫的茧，无所谓。

    剑客妈妈在产卵的时候，也跟褶翅小蜂一样，先用触角打探一番，判断里面是住着一只活生生的卵还是死卵。一旦它那特殊的感觉器官认定里面有活着的卵时，便义无反顾地将佩剑插入坚硬的蜂巢中，顽强地钻探，哪怕期

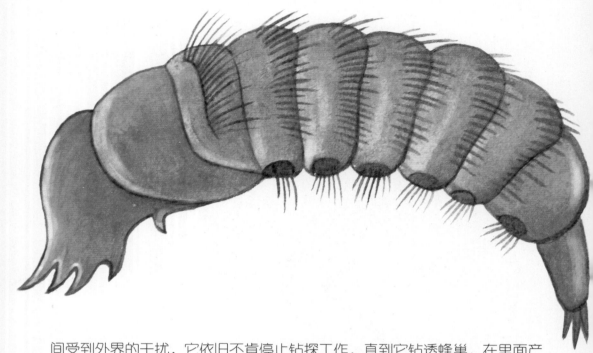

间受到外界的干扰，它依旧不肯停止钻探工作，直到它钻透蜂巢，在里面产卵完毕。看起来我几句话就将它的产卵过程交代完了，实际上这个过程非常艰难。我曾见过一只剑客在一个暗蜂蜂巢外壳上试了二十多次还没有钻透。可想而知那些成功钻透障碍者，花了多少时间和精力。

　　剑客的卵也没什么特别之处，无非是些白白亮亮的小东西。但是我在暗蜂蜂房里发现，蜂房里已经堆了好几枚卵了，剑客妈妈依旧往这里产卵，一点都不想蜂房的口粮是否够几个孩子吃。最夸张的是，我在一个条蜂的蜂房中，竟然看到54只剑客幼虫。这是迄今为止我看到过的一个容纳最多居民的蜂房。其他昆虫的蜂房，如高墙石蜂、棚檐石蜂、蓝壁蜂等，根据这些昆虫体形大小的不同，每个蜂房平均也有20枚卵的样子。刚开始，我还以为剑客妈妈会根据寄主体形的大小，往里面产数量不同的卵，还为它的聪明感到惊异。不过很快就发现，我过高估计了它的智商，它想产多少枚卵完全随它高兴，是随机的。只是在一个蜂房产卵多了，每个孩子平均分到的食物就少一些，长得瘦小一些而已。

剑客的幼虫也没什么特别好说的，它也长了一个吸盘。进食的方式与卵蜂虻相似，也是将寄主的茧吸干净，只剩下一个小白点。这些我在卵蜂虻中已经介绍很多，不再赘述。

这些幼虫们，在它们母亲抢夺来的住宅中呆了大概有1年左右时间，在吃干了寄主之后，初夏时分便开始结茧，羽化。我感兴趣的是，二十多个孩子同时拥挤在一间蜂房，大家都渴望自由，都想快点飞出蜂房，大家按照什么样的顺序出去呢？观察的结果让我大吃一惊。

在观察实验中，我将同一个蜂房的剑客都放到一个玻璃管里，在开口处塞进去一个1厘米长的软木塞，然后等待它们在这里"破茧而出"。我看到，场面并没有我想象的那样混乱，只有一只小虫在钻木塞，其他都待在一边休息。这个小小的钻探工用自己的大颚，细心地、一粒一粒地将木塞上的木屑啄掉，准备在这里钻一个洞。可挖一个洞需要几个小时，这对它来说工作量太大了。

果然一会儿，这只小虫就累坏了，它便离开木塞，回到兄弟姐妹中休

息。然后，紧挨着它的另外一只小蜂立刻起来，来到木塞处，接着兄弟的活儿继续干。它累了，也回来休息，会有第三只虫子接替它的工作。二十几只小虫，这样轮番工作，钻探工作就容易得多了。在此过程中，其他在休息的小虫子，一点也不担心无法出去，大家一边休息，一边耐心地等着。似乎为了打发这段无聊的时光，有的小虫子在舔自己的触角，有的在用后腿打磨翅膀，有的则像跳舞一样待在一个地方动个不停，还有几只在交配！

交配？它们在蜂房这个小囚室里也太会享受生活了吧！实际上，能享受到交配乐趣的只是极少数虫子，因为一个蜂房中通常雌雄比例一般是6∶1，高墙石蜂的茧虫还出现过15∶1呢！雄性太少了，更有甚者，有时一个蜂房中一只雄性都没有！我无法解释妈妈们为什么如此偏爱女儿，就像"世界上为什么要分为男女两性"这样的未解之谜一样，两性话题向来就有很多无法解释的现象。

小·贴士：二态现象

　　二十多年前，我遇到一个难题，苦苦思索了很久，终于接近问题的答案了。

　　事情是这样的：卵蜂虻妈妈不可能进入石蜂的蜂房产卵，因为它不是钻探工，没有褶翅小蜂那样的钻探工具，无法钻透石蜂那石灰质城堡。幼虫自己也不可能进入石蜂的蜂房，因为它是一个无足、无眼、光秃秃、身体呈灰白奶油样的小虫，根本就没法走路，更不可能钻透石蜂的城堡。这样一来，卵蜂虻的卵是怎样走进蜂房的，就成了一个悬案，我怎么想也想不出答案。25年过去了，我脑中又积攒了一些昆虫世界的知识，正是这些知识启发了我，促使我对卵蜂虻进行重新研究。

　　我的推测是这样的，在卵蜂虻妈妈和长着吸盘的小家伙之间，卵蜂虻的卵应该还有一种生存状态——初龄幼虫，正是这个小家伙完成了迁徙和钻探工作。而我看到的那个长着吸盘的家伙，则是它蜕皮之后的二龄幼虫。

　　这次我的研究是从卵蜂虻产卵开始，我依旧顶着烈日来到卵蜂虻常出现的地方，仔细观察它的一举一动。我发现，那些来来去去飞翔的卵蜂虻，时

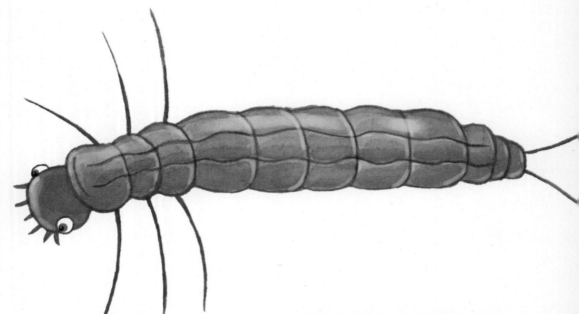

不时猛地飞向地面，垂下腹部，使它接触地面，然后又起来飞舞，在空中盘旋，好像在勘察地形，然后再俯冲，再用腹部接触地面。我猜测，这个接触地面的动作就是在产卵，尽管我没能在土中找到任何东西，但我依然坚信它在产卵。这次观察没发现什么。第二年我又重新观察，依然没有结果。但是我的助手为我送来了一堆蜂巢，我在石蜂幼虫的身上发现了一个新生命。

这个小东西是什么呢？我猜不透。可15天之后，我就认出它了，正是我的老朋友卵蜂虻幼虫，因为这时候它已经脱去马甲。可是多奇怪呀，它前后两种形态的对比，让我几乎不敢相信它们是同一只虫子，于是我根据时间的先后，分别称呼它们为初龄幼虫、二龄幼虫。

初龄幼虫什么也不吃，围着石蜂卵转来转去。我相信它是被产在蜂房外面的，它这个造型足够让它顺着蜂巢的缝隙溜进蜂房，因为褶翅小蜂的产卵管都能钻透这座石灰城堡，我相信它也一定有办法进来。

现在我可以作出这样的结论了，卵蜂虻初龄幼虫的职责是穿透石蜂的蜂房，钻透茧的外壳，来到茧的面前。二龄幼虫，就是那个长着吸盘的小家伙，则负责进食，然后才是蛹和成虫。卵蜂虻具有初龄幼虫、二龄幼虫这两个阶段，我称这种现象为"二态现象"。

如果"二态现象"这个结论成立的话，其他昆虫应该也有这样的一个阶段。我又研究了褶翅小蜂，结果确实如此。前面我曾说过，同一个蜂房会被褶翅小蜂妈妈造访几次，产下好几枚卵，这样蜂房中应该出现好几只褶翅小蜂，结果我却发现最后只有一只。"二态现象"促使我重新研究这个话题，结果发现褶翅小蜂也有初龄幼虫、二龄幼虫两个阶段，只不过褶翅小蜂初龄幼虫阶段的职责是不停地在蜂房巡查，将其他尚未孵化的卵杀死，消灭竞争者，确保整座蜂房只剩自己。只有保证没有竞争者了，它才蜕化，变成二龄幼虫，开始进食。

我又粗略研究了寡毛土蜂和真蜥，推测它们可能也存在这样的二态现象。

我的结论是：如果幼虫的妈妈有能力直接将孩子送到食物面前，那么幼虫就只有一种形态，直接进食长大，出生时的样貌一直不变，直到进入高级变态阶段，结茧、羽化。如果幼虫的妈妈没有能力直接为孩子提供食物，那么幼虫就需要先找到食物，或者还要经历一番杀戮，然后再进食，那么身体的发育就要经过两个阶段。一个阶段的身体构造有利于使它排除万难、清除危险、来到食物面前；另一个阶段则卸掉盔甲，变身为文弱的食客进食，快快长大，然后才是结茧、羽化等高级变态阶段。

一成不变的饮食风俗

食谱是确定的

美食家布里亚·萨瓦尔说过："只要告诉我你吃什么，我就知道你是哪种人。"不管他是根据什么方法得出来的结论，我得承认，至少在昆虫界，这句话是非常正确的。

如砂泥蜂、黑胡蜂毫无例外地选择吃蝶类的幼虫；飞蝗泥蜂和步甲蜂则选择直翅目昆虫；节腹泥蜂，除了极个别的吃吉丁外，其余大部分都吃象虫；大头泥蜂只吃膜翅目昆虫；蛛蜂专门捕猎蜘蛛；铁色泥蜂喜欢臭虫；土蜂则向各种金龟子幼虫发动进攻；长腹蜂的美食是小圆网蛛；赤角大唇泥蜂的仓库里储备着螳螂；黄叶蝉是三齿大唇泥蜂的菜；方头泥蜂的餐桌上则是各种蝇类……

何止是肉食性昆虫，吃植物的昆虫也是这样子：蚕只吃桑叶；菜青虫爱好十字花科含芥子末的叶子，如甘蓝；大戟天蛾子偏爱大戟植物的苛性剂；谷象喜欢麦粒；豆象爱豆科的种子；象虫烹饪榛子、栗子和橡栗；大蒜短喙象以蒜的珠芽为食；负泥虫则专门向百合花发动进攻……

在与昆虫几十年的交往中，谁吃什么食物，那简直是确定的，就像1+1只有等于2这样明确的结果。每种昆虫，与食物之间的关系，几乎也是一一对应的。如提到节腹泥蜂，我们立刻就要想到吉丁和象虫；提到长腹蜂，立刻联想到小圆网蛛。所以根据食物来对昆虫进行重新分类，我相信这是一个很有意思的分类方法。

因为这个分类方法并不仅仅着眼于食物本身。食谱类似的昆虫们，围绕食物而展开的捕猎方法、消化能力、筑房手段，乃至其他更多生活习性，都有很大的相似性。而我们将这些问题弄清楚之后，也就全面了解了昆虫的生活习性，也就彻底认识了这种昆虫。这要比单纯地依靠昆虫的触角、翅膀、口器等细节来辨别某种昆虫的特征，要容易得多，也有趣得多。所以我呼吁，未来的昆虫专家们，在对昆虫进行分类的时候，最好参看它们的食谱。

人类社会中，种群与食物之间一一对应的关系也有很多，如北极地区一带的人们喜欢用海豹血做汤，喜欢将柳叶夹鲸脂块当作佳肴美食；中国人喜欢吃油炸的蚕；阿拉伯人还吃晒干的蝗虫呢！

既然人类社会都是如此，为什么虫子不可以呢？所以我也可以骄傲地告诉你：

只要告诉我这只虫子吃什么，我就知道它是哪种虫子！

食谱是不变的

　　每种虫子都有自己的食谱，这个食谱是非常确定的，哪怕你不认识这个食谱是什么，但只要看是谁在吃，也能猜出食谱的内容。

　　如弑螳螂步甲蜂吃一切螳螂，那么当你第一次见到"小鬼虫"的时候，你可能看不出这个奇怪的小家伙是什么；可是当你看到一只步甲蜂正围绕着它打猎，那么你就可以确定这"小鬼虫"是一种螳螂了，因为它的学名就是椎头螳螂。

　　再比如说负泥虫吃一切百合。如果你知道哪种虫子是负泥虫，那么你看到它停留的植物，不管认识不认识，开红花还是开黄花，开金褐色花，还是其他什么颜色的花，你都可以称它为百合。哪怕它的特征与我们熟悉的百合一点也不一样，事实上它仍然属于百合。如果你不认识，这只是说明它不是普通的百合罢了，也许它是从境外来的植物，但它一定属于百合科。也许我们人类无法辨认清楚这种植物，但虫子却一定不会认错。

我之所以呼吁按照昆虫的食谱来为它们分类，是因为我看到了这样分类的可行性。

当我顶着烈日前去观察土坡上居民的生活情况时，我看到了很多大头泥蜂，它们的粮仓中无一例外地躺着蜜蜂，无论什么样的仓库，躺着的一定是蜜蜂的尸体，因为大头泥蜂的幼虫只吃蜜蜂。后来，我去北方，去南方，去山地，去平原，所见到的大头泥蜂粮仓，仍然是一样的，始终都是蜜蜂，从来不是别的食物。同样的原因，只要看到地上有一堆蜜蜂的尸体，你也可以相信，这附近一定居住着大头泥蜂，因为只有它们才以蜜蜂为食物，而且也只吃蜜蜂。

同理，当你看到附近有很多雌距螽的话，那么你就静悄悄地等待吧，因为你很快就会发现朗格多克飞蝗泥蜂，这个高明的麻醉师很快就会将这些雌距螽变成家中的粮食。当你看到附近有很多黑蟋蟀的话，那么你就祈祷黄足飞蝗泥蜂快些来吧，因为它的食物就近在眼前。当你看到葡萄蛀犀金龟幼虫的时候，就瞪大你的眼睛吧，因为你很可能就会在泥土中找到一只花园土蜂。如果你看到的是花金龟幼虫，那么恭喜你，与你重逢的将是双带土蜂。

这样的例子，我还能列出来很多。对每种虫子来说，家族的食物早已经确定了，而且只能是这种被确定了的食物，其他的食物，它们连看都不看一眼。它们天生就知道，要吃的食物只是那一种，它们也只认准了那一种，从来没想过改变食谱。人们常用"任凭弱水三千，我只取一瓢饮"来形容男女之间爱情的忠诚。那么对每一种昆虫来说，它们也会抬起高贵的头颅，自信地、大声地、毫不犹豫地说："任凭弱虫三千，我只取一种吃！"

坚持自己的饮食习惯

　　我拿走修女螳螂，放上一只同样大小的蝗虫，但弑螳螂步甲蜂看都不看一眼。我只好拿走蝗虫，给它递上一只形状奇怪又恐怖的椎头螳螂，弑螳螂步甲蜂毫不犹豫地接受了，并当着我的面吃得津津有味。

　　同样，我拿走方喙象，放上一只吉丁，栎棘节腹泥蜂不屑地看了一眼就拒绝了我提供的美食。也许它心里还在说："怎么？对我这样一只专门吃象虫的节腹泥蜂，你却给我一只吉丁，我宁愿饿死也不吃！"我只好给它一种

它从来也没有见过的象虫，也许它这次心里在说："小样！别以为给我一只陌生的虫子我就不敢吃了，我一眼就看出这是象虫，正是我们家族最喜欢的食物。"它麻利地将这只象虫麻醉，拖回粮仓去了。

昆虫界有太多这样性格固执的虫子。它们只认定它们喜欢吃的那一种食物，并且始终坚持自己的饮食原则。你若尝试改变它们的胃口，那么我劝你最好还是别这样，因为它们情愿饿死，也不接受属于别人的食物。

但有时候也有一些昆虫，它们的性格表现得随和一些，愿意接受那些与它们食物相近的猎物。

如栎棘节腹泥蜂很喜欢小眼方喙象，这是象虫中体形较大的一种，但你若送它一只其他方喙象，或者小眼方喙象的亲戚，只要体形与小眼方喙象相似，它也乐意接受。再比如说沙地节腹泥蜂，它也吃象虫，但它的捕猎范围很广，不管什么种类的象虫，只要是中等身材，它都喜欢。还有那种吃吉丁的节腹泥蜂，不管什么吉丁，只要是它有能力麻醉，它都会将它运回自己的粮仓。还有白边飞蝗泥蜂，它喜欢蝗虫，不管什么样的蝗虫，只要身长保证在2厘米左右，它都喜欢吃。金口方头泥蜂喜欢吃各类蚜蝇，无论是粗股蚜蝇，还是锯盾小蚜蝇，还是黄环粗股蚜蝇，它都会将它们烹饪好，端上餐桌。流浪旋管泥蜂的食物范围更广，什么隐喙虻、麻蝇、食蚜蝇、类石蛛或者其他类似的昆虫，它都喜欢吃。

　　类似的例子我也能举出很多，不必赘述，我们已经能看出共性了：有些虫子比较固执，只吃某一种食物；有些虫子虽然比较随和，属于杂食性昆虫，它们的食物范围较广，但总体来说食物的口味还是比较一致的，食谱的广泛也是有界限的，所有猎物不会超过一个属，一个科，最多也不会超过一个目。

　　因此对于所有虫子来说，不管它们专一喜好某一种食物，还是喜欢多种食物，总体来说，它们食物的种类仍然是不变的，每种虫子都严格遵守自己家族的传统，从来不打破这个习惯。

它们是怎样辨认食物呢

　　总体来说，每一种虫子都是很固执的，只根据家族传统选择食物。令我好奇的是，它们是怎样辨认自己的食物呢？因为很多时候，很多猎物在我们看来形状非常奇怪，根本不是它喜欢的种类，但它也毫不犹豫地上去捕猎了。

　　例如有一次，我发现一只毛刺砂泥蜂正在捕猎一只舟蛾幼虫。据我所知，砂泥蜂喜欢吃尺蠖、量地虫、黄地老虎幼虫、夜蛾幼虫等这样的虫子，可是舟蛾幼虫的长相是多么奇怪呀，在我看来它根本不属于砂泥蜂的猎物。对舟蛾幼虫解剖之后我才发现，舟蛾幼虫与夜蛾幼虫、黄地老虎幼虫、量地虫等一样，神经节也分布在每个体节上。

　　也许，那只毛刺砂泥蜂自出生以来就没有见过舟蛾幼虫，可它现在遇到它，只瞥一眼，它就知道这是自己家族的食物了。它是根据什么一眼就发现眼前的虫子是自己的猎物呢？

　　难道是根据虫子的外观吗？显然不是，毛刺砂泥蜂捕猎舟蛾幼虫就是最好的说明。

难道是根据虫子的色彩吗？应该也不可能。有一种节腹泥蜂只吃吉丁，可是吉丁的颜色有多种多样，我相信即使画家的调色板，也不可能调出像吉丁身体颜色这么多种类的颜色。但是无论遇到什么吉丁，不管颜色多么新奇，这种节腹泥蜂依然毫不犹豫地飞过去，麻醉它并将它拖回自家的粮仓。还有方头泥蜂，它喜欢双翅目昆虫，但是它粮仓里的昆虫，有灰棕色的，有红色的，有黄色带胭脂红斑点的，有钢蓝色的、铜绿色的等等，但无一例外都是双翅目昆虫。

难道是根据虫子的形状吗？更不可能。毛刺砂泥蜂捕猎舟蛾幼虫是一个例子，而节腹泥蜂捕猎象虫也是一个很好的例子，柔毛短喙象和欧洲栎象的形状一点都不同，简直可以说没有一处共同点，这点连小孩子都能看出来，除非受过专业训练的人，否则根本看不出来它们都是象虫。但节腹泥蜂一眼就看出来了，它们都是象虫，都具有相对集中的神经节，都是其麻醉手术的对象。由此可见，形状并不是昆虫选择猎物的依据。

它们究竟是根据什么判断眼前的东西是不是自己的食物呢？我绞尽脑汁想这个问题，却总也找不到答案。我试图用"进化论""遗传论"或者其他被称作"论"的观点来解释它们这种辨别能力，但这些理论在虫子的"慧眼"面前都显得苍白无力。

于是我只好换一个话题研究。

别的食物都是危险的

　　每种捕食性昆虫喜欢的猎物都局限在某一种类别，其他类别的猎物它们选择放弃。这种做法，我猜想，可能是因为其他猎物对它们来说是危险的，它们不会选择危险的食物当粮食。啊，不错，应该是这个原因。

　　也许，虫子的孩子都偏爱某一种食物的口味，它只能吃这个口味的食物，不适合吃别的口味的食物。因此母亲所捕猎的食物，就要与孩子的口味相符合。可以说，每种昆虫的食谱是确定的，是因为每种昆虫的口味是确定的，口味决定了食物的选择。

　　比如说，有的昆虫喜欢虻的口味，于是妈妈就为它捕捉虻；有的昆虫喜欢象虫的口感，妈妈就为它捕捉象虫；有的昆虫喜欢蟋蟀的味道，妈妈就为它捕捉蟋蟀；还有的昆虫喜欢吃蝗虫，妈妈就向蝗虫发动攻击。

　　与喜欢的口味相反，那些不喜欢吃的食物，一定是因为它们的口感不被昆虫接受。例如，喜欢吃蝗虫的昆虫，会觉得蝶蛾幼虫比较难吃；喜欢蝶蛾幼虫的昆虫，也会觉得蝗虫的味道比较可怕。从口感和营养学的角度来看，

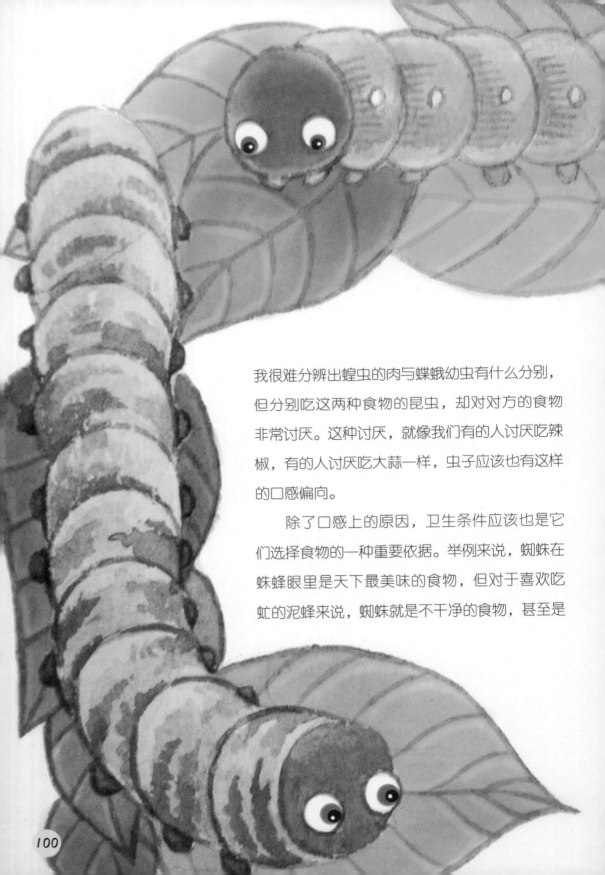

我很难分辨出蝗虫的肉与蝶蛾幼虫有什么分别，但分别吃这两种食物的昆虫，却对对方的食物非常讨厌。这种讨厌，就像我们有的人讨厌吃辣椒，有的人讨厌吃大蒜一样，虫子应该也有这样的口感偏向。

除了口感上的原因，卫生条件应该也是它们选择食物的一种重要依据。举例来说，蜘蛛在蛛蜂眼里是天下最美味的食物，但对于喜欢吃虻的泥蜂来说，蜘蛛就是不干净的食物，甚至是

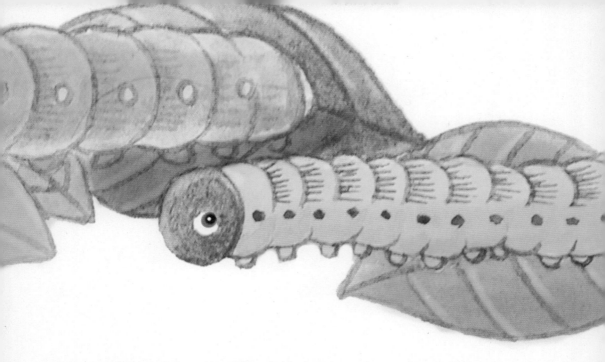

毒药，于是它的子子孙孙都离这种食物远远的。砂泥蜂喜欢吃肉肥多汁的食物，如黄地老虎幼虫、量地虫等，但这样的肥肉，在喜欢吃蝗虫的飞蝗泥蜂来看，根本就是一种很恶心的食物，它绝不会吃。

就像它们对一种食物是多么强烈的喜欢一样，它们对另一种食物也会表现出同样强烈的厌恶。昆虫这种对食物爱憎分明的例子，比比皆是。

如天蛾幼虫吃大戟类植物，但若是没有这种食物，它情愿饿死，也不肯咬一口甘蓝叶。因为大戟类植物非常辣，它就喜欢这种辣得流泪的感觉，而不喜欢甘蓝叶那样含硫的植物，因为它觉得这样的食物太没有味道，太难吃了。同样的，粉蝶绝不会吃大戟类植物，它害怕辣，吃了之后可能会被辣死，大戟类植物对它来说就是不能碰的毒药。同样，啮虫的幼虫只吃土豆这样含茄碱丰富的食物，其他任何食物似乎都是有毒的。

总之，每种昆虫都有适合自己胃口的猎物或植物群，绝不接受除此之外的任何食物，否则很可能会被恶心死，或者说毒死，它们宁愿挨饿也绝不碰别的食物一下。

为什么又可以改变了

有一段时间，我们地区的桑叶被冻坏了，蚕没有桑叶可吃了，于是附近的蚕妇纷纷向我求助。我就向她们推荐了与桑叶科相近的植物，如榆树、荨麻、墙草等。但是，那些骄傲的蚕宝宝，宁愿让自己挨饿，至死也不肯吃我为它们选择的食物。它们也太固执了！

此后，我便试着改变虫子们的食谱，试着让它们接受我好意为它们安排的多样化的饭菜。

有一次，我挖了一些泥蜂，它们的食物是双翅目昆虫，如卵蜂虻。我找了一个旧的沙丁鱼罐头，在里面铺上一层细沙，用纸当作隔墙，做成几个小蜂房，然后将捉来的几只跗猴泥蜂一只只放进蜂房。现在，我想让这些吃蝇虫的家伙，变成吃蚱蜢的食客。刚巧，一个带着镰刀的树蟋自投罗网，在我的花园里欺负牵牛花，我便毫不客气地把它捉来，野蛮地剁掉它的头，然后将它送到泥蜂面前。

　　我的这次试验会不会成功？一向固执的虫子，会不会接受我好意为它们准备的美餐？我之前没想跗猴泥蜂会吃树蟋，可事实是，面对着它们从未见过、家族从未吃过的树蟋，跗猴泥蜂居然当着我的面把它吃掉了，而且看起来吃得津津有味。我看到，它大口大口地啃咬树蟋的肉块，不停地吃，好像一松口就被人抢了去，它这样一直吃到晚上，将树蟋吃光。第二天，我又送它一只新鲜的树蟋，它也是一天就吃得只剩下枯皮。连续一周，我每天都喂它们树蟋或距蟋的若虫，它们几乎都吃得干干净净。吃完之后，它们开始像自然状态那样，准备结茧、变态。

　　这个实验的成功激发了我改良实验的豪情。

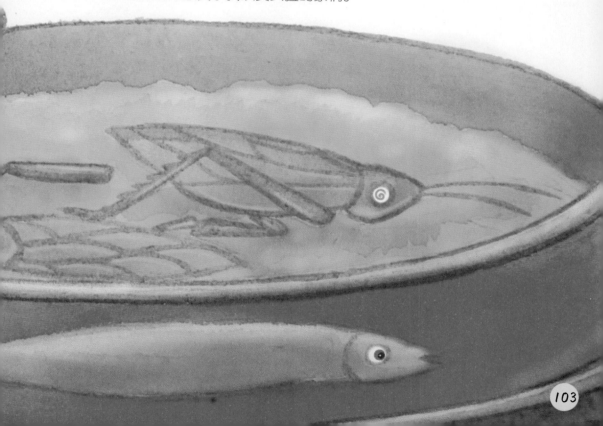

于是我又捉来螳螂，给它吃树蚕或距螽；我还给这些跀猴泥蜂吃螳螂，它们竟然也毫不犹豫地接受了。为了作对比，我将一只尾蛆蝇和一只螳螂同时摆在跀猴泥蜂面前，没想到，对于家族的传统食物尾蛆蝇，跀猴泥蜂连看都没看一眼就放下了筷子，转而吃我为它们准备的新菜螳螂。

是不是它们现在发现螳螂的肉多汁而味美，因而放弃了家族的一贯食谱，改吃螳螂？我不知道。原本我以为它们祖祖辈辈都吃同样的食物，永远不会变，这个习性就像它们天生就知道怎样捕猎一样，也是天生的，因而不需要改变，也不会改变。现在，它们却宁愿抛弃天生就习惯吃的食物，改吃其他的食物，这又说明了什么呢？

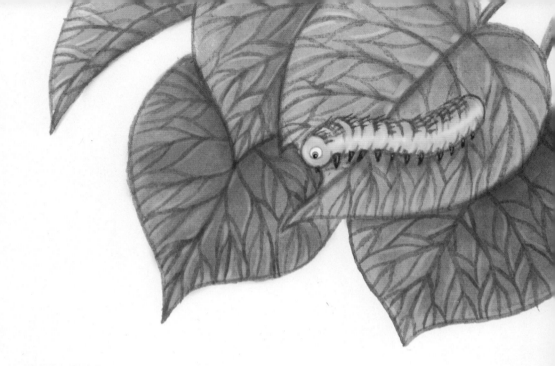

注意两个问题

为了弄明白这个问题，除了用跗猴泥蜂做实验，我还用了一年的时间找了其他昆虫做实验，有成功的，也有失败的，这里我不想重复。我只需将我的实验结果告诉大家就行了：吃植物的昆虫，一般难以接受食物的改变；吃其他虫子的昆虫，一般容易接受食物的改变。

我相信自己这个结论还是比较符合事实的。有兴趣的朋友，可以找一些虫子做实验，看看是否与我的推论相符合。

在做实验的时候，有两个问题需要特别注意，因为这两个问题直接关系着实验的成败。

第一个问题：在寻找虫子的时候，不要将附在猎物身上的卵拿走，再将它放在另外一个猎物上。这个过程属于虫子的搬迁过程，如果冒冒失失地将它拿到别的地方，很容易弄伤它。因为有些卵的头就紧紧贴在猎物身上，还有些可能稍微孵化了一点，头已经伸进猎物腹中了，我们强行拿走可能会扭断它的脖子。

正确的做法是，将卵和猎物一起拿走，等到它孵化并长大一些的时候，

最好等它发育到正常体态的1/4～1/2时，此时的幼虫身体比较强壮一些了，而且也有了自己的力量，既能毫发无损地将它迁移走，又能使它轻松应对猎物的骚扰，实验成功的概率比较大。

第二个问题：人工捉来的猎物，要特别注意防腐，因为幼虫吃到腐败的食物很容易食物中毒而死，导致实验的失败。因此，在进行实验时，不要选择体形较大的猎物喂养，昆虫当天吃不完的话，可能第二天猎物就会腐败。我就曾经愚蠢地用大猎物喂养虫子，但结果总是导致虫子被腐败的食物毒死。

之所以要特别注意这个问题，是因为人工的捕猎技术与自然的毕竟不同。在自然状态下，虫妈妈们几乎都有自己高明的捕猎方法，很多昆虫都会麻醉术，经它们捕猎的昆虫，不能动，但却能保持新鲜。而我们在做实验的时候，很难只麻醉猎物而不弄死、弄伤它们。即便我们小心翼翼地用氨水成功地麻醉了一只猎物，猎物身上也会留下难闻的化学气味，这与虫妈妈好闻的麻醉剂是不同的，幼虫不喜欢吃具有氨水气味的食物。所以在实验的过程中，我只能用死的猎物代替被麻醉的猎物，而为了保持食物的新鲜，必须每天更换猎物，绝不能让幼虫吃到腐败的食物。

正确的做法是：为了避免食物腐败，最好选取体形小的、保证虫子当天能吃完的猎物喂养。这样，即使猎物一开始就死了，也不必担心虫子会被毒死，因为进食时间很短，食物还来不及腐败就被吃光了。

我的结论

　　蚕宝宝没有桑叶可吃时，宁愿饿死也不吃我为它们提供的榆树、荨麻、墙草；原本吃弥寄蝇的跗猴泥蜂，却可以抛弃家族的传统食物而改吃螳螂。为什么有的昆虫忠于家族的选择只吃同一种食物，而有的昆虫却乐意改变家族食谱，这又说明了什么呢？

　　我猜测，事情可能是这样的。

　　植物是组成生命材料的基本有机物，它是一个加工无机材料的大工厂。有时候，它被加工成香精；有时候，它被加工成生物碱；有时候，它又被加工成淀粉、脂肪、树脂、糖、酸等有机物。这些被加工成的东西都能产生特殊的能量，这些能量，有些昆虫的胃能适应，有些昆虫的胃不能适应。因此，就出现了专门消化秋水仙的胃，于是秋水仙就被具有这种胃的虫子所吃；出现了专门消化桑叶的胃，于是桑叶就被具有这种胃的虫子所吃；出现了专门消化榆树的胃，于是榆树就被具有这种胃的虫子所吃……相反，专门吃秋水仙的虫子若吃到桑叶，可能会不习惯桑叶中的糖、酸或者其他物质，因而被毒死；专门吃桑叶的虫子若吃到秋水仙，可能会不习惯秋水仙中的生物碱或者其他物质，因而被毒死。

　　不同类别的植物在组成上有很大的差异，有的是生物碱，有的可能就是淀粉或者酸性物质。以吃植物为生的昆虫，只吃家族传统定义的食物，不吃其他食物，在口味的选择上具有明显的排他性质。

这点与动物性昆虫完全不同。自然界中除了以植物为生的虫子，还有相当一部分昆虫以动物为生，捕猎其他小虫子吃，这部分昆虫被称作动物性昆虫，如跗猴泥蜂。

　　相对于以植物为生的植物性昆虫，动物性昆虫的食物组成成分要简单得多。因为它们吃其他虫子的肉，而肉的组成部分，无论是酪蛋白，还是纤

维蛋白，它们总体来说都是蛋白质，属于同一种物质。因此，只要是能消化"蛋白质"这种成分的昆虫，无论吃哪种蛋白，结果应该都是差不多的。所以，螳螂中的蛋白与弥寄蝇中的蛋白应该没有太大的不同，跗猴泥蜂就愉快地接受了。我说过，除了蚕宝宝和跗猴泥蜂的例子，我还花了一年的时间用其他昆虫作研究，所以这个推论应该是比较可靠的。因此，这里又有了一条结论性的语言：

植物性昆虫的口味比较专一，不吃家族传统以外的食物；动物性昆虫的口味不专一，只要食物的蛋白与家族传统食物中的蛋白差不多，它就能接受。

再评进化论

　　按照进化论的说法，各种捕食性膜翅目昆虫是从其他物种进化而来的。现在，我们就以泥蜂为例，来探讨一下它的进化。

　　根据相关进化原则，各种泥蜂都是从某一个物种慢慢演化来的，这个物种原本以某种猎物为食。现在我提问：这个物种最初是以什么为食？它是吃某种单一的食物，还是吃多种食物？

　　这个问题没人敢作出回答，那么我们就分别讨论两种情况。

　　第一种情况，假如它最初吃多种食物。那么，泥蜂的这个祖先就比较幸运了，它可以喂孩子吃各种各样的食物，不会因为某一种食物绝迹了而导致断粮挨饿，这样它就总能为孩子们找到吃的。要是这样的话，无论环境发生怎样的改变，它们总有吃的，不需要改变口味，于是一直繁衍到今天，这个家族应该还是保持多样化的进食方式。

　　可是事实呢？每种泥蜂都只吃一种食物，节腹泥蜂吃吉丁和象虫，砂泥蜂吃黄地老虎幼虫这样的多体节昆虫，飞蝗泥蜂吃螳螂和蟋蟀，还有的专门吃尺蠖、吃雌蝨、吃蝗虫。这又说明了什么？难道这些后来的泥蜂都是傻瓜，不会像祖先那样保持多样化的食谱，改为只吃一种食物？难道它们不知道，只吃一种食物是很危险的吗？因为一旦这种食物绝迹，它们就会挨饿，保持祖先那样多样化的进食却不会让它们挨饿！它们为什么不像它们英明的祖先一样，找不到象虫就吃蟋蟀，找不到蟋蟀就吃黄地老虎幼虫，干吗那么危险地保持单一的进食方法？

推论至此，那些坚持进化论的人，只能无奈地说：也许泥蜂的祖先们没有告诉子孙怎样进食——这是多么滑稽的解释！

假如说是第二种情况，即泥蜂的祖先最初只吃一种食物。那么泥蜂家族经过不断的繁衍、进化，子孙后代通过不断的尝试、研究，发现了其他可吃

的食物，于是整个家族避免了只吃一种食物而面临断粮的威胁，度过了残酷的生存斗争，变得逐渐繁荣起来，形成了今天各种泥蜂共同发展的局面。

如果是这一种情况，那么这些经过生存斗争的泥蜂们，口味应该是多样化的，无论象虫还是吉丁，无论螳螂还是蝗虫，应该全部都吃，因为正是这样多样化的进食方式使它们度过了危机，它们应该保持这种竞争优势。可事实呢？仍然是每种泥蜂都只吃一种食物，节腹泥蜂只吃吉丁和象虫，砂泥蜂只吃黄地老虎幼虫这样的多体节昆虫，飞蝗泥蜂只吃螳螂和蟋蟀，其他泥蜂只吃尺蠖、雌虫、蝗虫。

这样推理之后，那些坚持进化论的人，也许只能无奈地说：用多样化进食方式的泥蜂们在度过生存竞争之后，就抛弃了这个方法，改为只吃一种食物。这个解释不是更荒谬吗？谁会抛弃一个好方法再选择最差的方法？

由此可见，用进化论推论的结果与事实是非常矛盾的。这只能说明，进化论的某些观点根本就是错误的，今天的泥蜂根本就不是进化的结果。

食物与性别

二十多年来，我挖掘了大量昆虫的窝，将无数只昆虫拿到我的实验室里作研究。除了发现它们对家族传统食物情有独钟外，我还发现了一个有趣的现象：食物的数量也是有规律的。

在那些被我挖掘的窝中，我发现，黄足飞蝗泥蜂的粮仓中，有的有两三只蟋蟀，有的却有四只。大唇泥蜂的蜂巢中也出现了同样的问题，有的家中有三只螳螂，有的家中却放了五只。还有沙地节腹泥蜂，有的孩子面前堆了八只象虫，有的孩子面前却堆了十几只象虫。类似的例子，我记录中还有很多，我没必要将对比数字全部列出来。

可是，这些食物的体积是差不多的，粗心的妈妈，为什么有的窝中放了很多食物，有的却没有呢？我打算用大头泥蜂和步甲蜂为例，好好研究一下这个问题。

我带上工具，来到蜜蜂经常出入的地方，很快就发现了大头泥蜂。我跟随这些榨取蜜蜂蜂蜜的杀人狂来到大头泥蜂的城堡，用铲子和镐挖，成功地把大头泥蜂的家搬到我的实验室。然后轻轻敲碎土块，打开蜂房，观察每个蜂房食物的数量，数据如下：

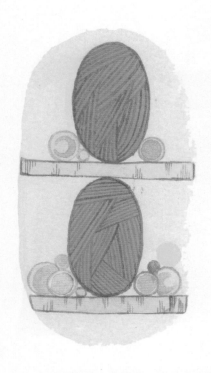

有2个蜂房，里面放了1只蜜蜂；

有52个蜂房，里面放了2只蜜蜂；

有36个蜂房，里面放了3只蜜蜂；

有36个蜂房，里面放了4只蜜蜂；

有9个蜂房，里面放了5只蜜蜂；

有1个蜂房，里面放了6只蜜蜂。

然后我又用巧妙的方法统计出了步甲蜂蜂房的情况，数据如下：

有8个蜂房，里面放了3只猎物；

有5个蜂房，里面放了4只猎物；

有4个蜂房，里面放了6只猎物；

有3个蜂房，里面放了7只猎物；

有2个蜂房，里面放了8只猎物；

有1个蜂房，里面放了9只猎物；

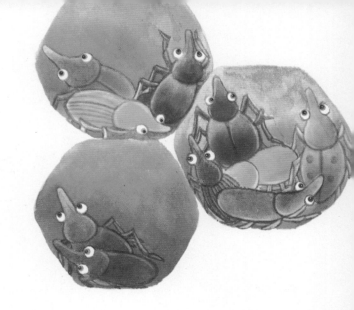

有1个蜂房，里面放了12只猎物；

有1个蜂房，里面放了16只猎物。

后来我又观察了壁蜂的蜂房，测量里面蜂蜜的多少，结果仍然与此类似。

对比再清楚不过了，虫妈妈是故意的，有的蜂房放得粮食多，有的蜂房放得粮食少。

为什么会这样？首先我怀疑是性别的原因。我所认识的膜翅目昆虫，雄蜂和雌蜂的大小是有差别的。例如大头泥蜂，雌蜂身体是雄蜂身体的2倍，这点不用天平秤，肉眼就能看出来。其他昆虫雌雄之间虽然没有这么大的差别，但也能看出来，一般雌蜂要比雄蜂大。

如果说吃的食物越多，长的体形也越大，那么这就是不同蜂房之间食物数量不等的原因了。虫妈妈所偏爱的那个蜂房，里面居住的应该是一只雌蜂，食物放得少的蜂房，里面应该居住着一只雄蜂。

读者朋友看到这里，可能有些明白了：这不回到昆虫们"男女"搭配的问题了吗？确实如此，我在壁蜂一章中讲了很多昆虫雌雄两性的话题，那个话题的灵感，当初就是从食物这里来的。现在写到这里，有关昆虫食物和性别的话题也总算讲完了。

小·贴士：固执的蚕宝宝

你知道吗？蚕宝宝宁愿饿死也不吃榆树、荨麻、墙草，这件事对我的震撼太大了，不仅仅因为虫子们有多么高傲，还有人们面对它们这种骄傲时的无奈。

有一年春天，天气暖和得特别早，桑树仿佛得到了春姑娘的信号，迫不及待地发了芽。但是过了几天，天气又突然变冷了，冷得像冬天一样，这些过早发的芽就全部被冻坏了，没法长成桑叶了，那些只吃桑叶的蚕宝宝，突然就绝粮了。只有再等一段时间，等到阳光足够温暖的时候，这些被料峭的春寒吓坏的桑芽才会重新展开。

这下可糟了，蚕宝宝已经孵化了，它可不管农夫们有没有准备好桑叶，就张着大嘴等着填饱肚子了。温暖的阳光什么时候才能来？这可得好些天了！蚕宝宝的肚子可等不了这么多天啊！人们知道我喜欢跟这些小虫子打交道，便来向我寻求方法。

这些农夫多可怜呀！他们眼中噙着泪水，一边向我讲述事情的经过，一边向我说这些蚕宝宝对他们一家多么重要。

一位主妇悲伤地说："我的女儿马上就要嫁人了，我没有太多的钱为她置办嫁妆，只希望这些蚕宝宝争气一些，多吐一些丝，多卖一些钱，然后为我女儿多置办一些嫁妆，将她风风光光地嫁出去。这下可好了，蚕宝宝现在要饿死了，我女儿的嫁妆可成了泡影了。"

还有一位主妇，掀开一块法兰绒布，里面爬着的小虫子正是蚕宝宝。她将这一情景给我看，然后悲哀地说："先生你看！它们已经出来了，而我却没有什么东西可让它们吃！哦，上帝啊！这可太令人伤心了，我还指望着这些蚕宝宝多吐些丝，让我多点收入，然后买一头猪呢！"

所有的主妇都是这样的，因为缺少经济来源，都渴望这些蚕宝宝多为家

庭创造些财富，让紧巴巴的日子变得轻松一些。我非常同情她们，我也非常乐意用我所知道的知识来帮助她们。

我知道桑树与榆树、荨麻、墙草等在植物学中属于邻近的科目，于是就尝试用这些植物的叶子来代替桑叶。为了实验蚕宝宝们最喜欢哪种叶子，我还特意采集了嫩叶子，洗干净，然后用刀切得细细的。可是尽管我在做这件事时很认真，那些骄傲的蚕宝宝们，依然不肯吃，情愿饿死。人们看到我失败的实验结果，也失望地走了，从此似乎也不太相信我了。

可怜的蚕宝宝，它们的固执不但害死了自己，也害得一个家庭没了收入，害得一个将要出阁的姑娘没有体面的嫁妆，它们是多么令人心痛又多么令人可恨呀！

绿蝇、麻蝇、反吐丽蝇和腐阎虫

提起苍蝇，很多人立刻表示不屑甚至痛恨，因为它不但会污染我们的食物，给我们带来疾病，还会生出令人恶心的蛆虫。总之，它们就是败坏我们胃口的超级大坏蛋，以至于看见它们我们就忍不住拿起苍蝇拍将它们打死。但作为一个昆虫研究者，我忍不住为它们说两句公道话：如果没有苍蝇，恐怕我们就要终日生活在腐臭的环境中。

苍蝇与食粪虫、负葬甲一样，都是大自然的清洁工，苍蝇和负葬甲共同担负着肢解腐尸的工作。经过某个小路，你可能会发现一条死去的鼹鼠或小蛇正散发着腐臭，非常恶心，等几天你再过来看，也许地面上已经干干净净了。我已经讲过负葬甲的劳动经过，现在再来看看苍蝇。

一只绿蝇发现了一具腐烂的尸体，它围绕着猎物转了一圈，便开始一包一包地产卵。几天后，它的卵孵化了，一只只蛆虫在腐烂的脓血中贪婪地进食。它们的身体光溜溜的，怎样进食呢？它那尖尖的头部，有两个黑色的口针，这两个口针是会移动的，它们彼此伸缩一下，蛆虫就能前进一步，面前的食物已经被消化掉了，而你却看不出它们是怎样进食的。因为原本固体的肉质，经过这两个特殊的口针之后，已经转化成了液体，它们以喝

液体为生。我在玻璃管中为它们放置了一块吸干了水分的瘦肉，可蛆虫爬过的地方竟然留下了水迹，这个现象充分说明肉经过蛆虫的身体之后会慢慢融化成液体。类似的实验我做过很多，都说明蛆虫有将固体的肉质转化为液体的本领。我再一次看到生命的神奇——蛆虫将死者的遗骸进行蒸馏，分解成液体，然后再将这些液体还给大地，变成沃土，滋养植物。死亡并不代表消失，生命会以另一种形式出现。

麻蝇是苍蝇家族中的一员，它比绿蝇胆子大一些，找不到食物的时候，

会壮着胆来到人们的住宅区搞破坏。但毕竟理亏，它也只是快速搜索一下，找到一块腐肉，匆匆忙忙将蛆虫留在这里，然后赶紧逃跑。麻蝇的蛆虫也是一个化腐肉为液体的高手，但它很容易被自己开发的液体所淹死。它们最独特的地方是喜欢生活在黑暗中，总是在死尸的身下，尸体"开发"完毕，它们就往土里钻一米深左右，变成蛹。在蛹壳里，它们两眼之间的鼓泡会迅速膨胀，使头部迅速增大，然后整个头就随着鼓包一鼓一瘪地，像水压机的活塞吸着泵一样前进。与此同时，身体的其他部位也在发生变化，麻蝇成虫就这样慢慢钻出了土层。钻出土层之后，它会对自己稍作打扮，就成了我们所熟悉的麻蝇。

　　反吐丽蝇的胆子最大，它经常偷偷潜入我们家，稍不注意，就在我们吃的肉上干坏事，产卵，这块肉就变坏了，只能便宜它的蛆虫。反吐丽蝇的蛆虫生活方式与绿蝇幼虫、麻蝇幼虫相似，我只想说一点，反吐丽蝇的繁殖能力极强，我曾计算过一只反吐丽蝇产的卵，大约有九百多只，这还是不完全统计，真实数目可能更大。

　　拥有旺盛繁殖能力的不只是反吐丽蝇，绿蝇、麻蝇及其他苍蝇几乎都有这个特点。雷沃米尔曾说过："一只麻蝇有能力产下2万个孩子。如果自然界没有法则来约束它们的话，恐怕这个世界的主人就是苍蝇而不是我们人类了"。与其他多生孩子的家族一样，它们的主要作用仍然是成为其他生物的食物，腐阁虫就是它们最大的敌人。后者也生活在臭气熏天的地方，只是它主要不是为了"开发"臭肉，而是等这里的蛆虫长肥长大，不管那时蛆虫躲在哪里转化液体，它都能将它们拉出来，津津有味地嚼碎，吃得一点不剩。所以我们经常看到这样的景象，地面上腐烂的尸体被"开垦"完了，蛆虫也不见了，它们绝大多数都被腐阁虫抓住吃掉了，可能只有一两只侥幸逃到地下变成蛹了。

蜡衣虫的母爱

　　我一直认为，昆虫有多少母爱，就有多大的本领。很多昆虫尽管不惹人注目，但为了孩子的健康成长，却练就了令人惊讶的本领，如蜡衣虫。

　　蜡衣虫生活在一种叫做大戟的植物上。最初，它们生活在大戟的腐叶堆中，春暖花开之时，它们会一群一群慢慢迁徙到树干的高处，以饮树汁为生。这点与蚜虫有些类似，其实它们原本就是蚜科昆虫，只是它的穿着和举止比蚜虫更高雅。

　　刚孵化出来的蜡衣虫浑身赤裸裸的，体色为棕色。离开母体之后，它开始去大戟树上定居，在迁移的过程中，它的毛孔里会渗出蜡，很快它的身上就布满了白点，上衣快加工好了。渐渐的，白点多了，随着身体褶皱的起伏，变成了灯芯状，这就是它的灯芯绒短上衣了。蜡不断地渗出，它的短上衣也在逐渐地扩大，直到最终发育成熟。

　　将蜡衣虫的外套剥下来，发现它易碎、易化、易燃烧，放在纸上，上面会留下半透明的痕迹。这些特点说明，衣服的材料是一种蜡。将蜡衣剥下来是很困难的，我干脆抓了一把蜡衣虫，将它们投到滚水中，蜡就融化了，变成油状液体漂浮在水面上，没有蜡衣保护的蜡衣虫则沉积到了水底。水冷却后，漂浮在水面上的液体变为一层油脂，凝结成黄色的琥珀状。

我没想到蜡衣的颜色是黄色，原本我以为应该是乳白色的。为了使黄色的蜡变白，制蜡工人会将蜡融化后倒在凉水中，使它变成薄薄的蜡纸，然后再放到太阳底下晒。经过多次的融化、凝固、暴晒，蜡的分子结构才会慢慢改变，变成白色，这就是白蜡的制作工程，非常麻烦。看来蜡衣虫很喜欢白色衣服，所以采取了一种更高超更简练的制作方法，将黄色的蜡加工成漂亮的乳白色。

我曾将一个正在"长衣服"的蜡衣虫外衣剥掉了，它立刻就露出了丑陋的棕色皮肤。三周之后，被我划伤的地方又长出了新的外衣，只是没有第一件大而已，但穿在身上也很得体。当初裁剪这件衣服的蜡，原本是为了加长第一件衣服而已，因为它们总是穿着长于身体两倍的衣服。

我又掰开一个穿着长礼服的蜡衣虫，发现衣服下面是空心的，衣服的褶皱之间散布着一些"小珍珠"，这就是它的孩子了。有的卵已经孵化了，它们赤裸着身体躺在母亲宽敞的蜡衣上。仔细研究长出身体部分的这一截蜡衣，我发现它是从屁股后面分泌出来的，不再是灯芯状，而是细丝，过一会儿再看，细丝中间就出现了一枚卵。卵会在妈妈柔软的细丝中间孵化，长大，也穿上一件漂亮的蜡衣，然后才奔向高大的大戟树干。

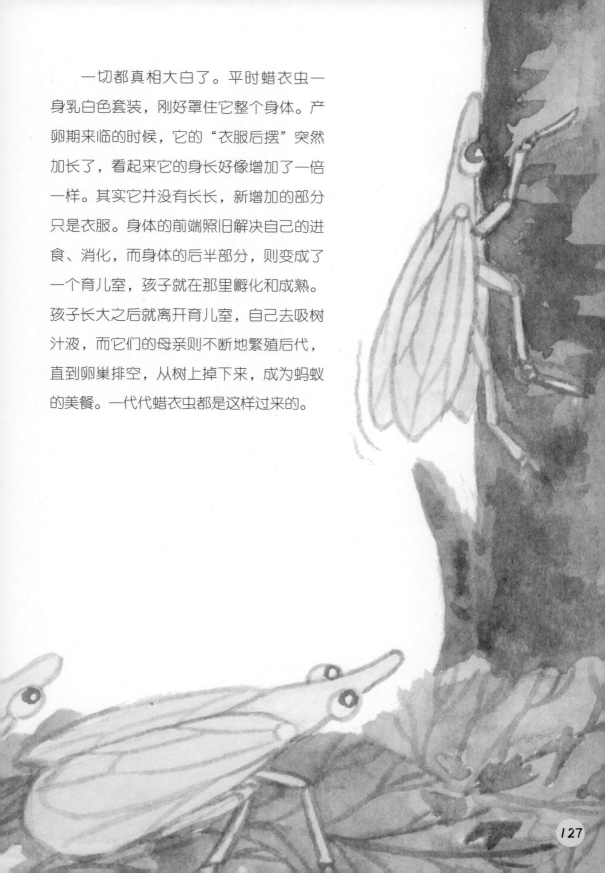

一切都真相大白了。平时蜡衣虫一身乳白色套装，刚好罩住它整个身体。产卵期来临的时候，它的"衣服后摆"突然加长了，看起来它的身长好像增加了一倍一样。其实它并没有长长，新增加的部分只是衣服。身体的前端照旧解决自己的进食、消化，而身体的后半部分，则变成了一个育儿室，孩子就在那里孵化和成熟。孩子长大之后就离开育儿室，自己去吸树汁液，而它们的母亲则不断地繁殖后代，直到卵巢排空，从树上掉下来，成为蚂蚁的美餐。一代代蜡衣虫都是这样过来的。

图书在版编目（CIP）数据

好吃懒做的大佬：大头泥蜂与寄生虫 /（法）法布尔（Fabre, J. H.）原著；胡延东编译. — 天津：天津科技翻译出版有限公司, 2015.7
（昆虫记）
ISBN 978-7-5433-3494-6

Ⅰ.①好… Ⅱ.①法… ②胡… Ⅲ.①大头泥蜂科—普及读物 ②寄生虫—普及读物 Ⅳ.①Q969.556.4-49 ②Q958.9-49

中国版本图书馆 CIP 数据核字（2015）第 103957 号

出　　版：天津科技翻译出版有限公司
出 版 人：刘 庆
地　　址：天津市南开区白堤路 244 号
邮政编码：300192
电　　话：（022）87894896
传　　真：（022）87895650
网　　址：www.tsttpc.com
印　　刷：三河市兴国印务有限公司
发　　行：全国新华书店
版本记录：787×1092　16开本　　8印张　160千字
　　　　　2015年7月第1版　　2015年7月第1次印刷
　　　　　定价：23.80元